驚人的功夫 —— 輕功水上飄！

狩獵高手的祕密之一，就是鳥喙

猶如進行極限運動般的企鵝
育雛過程

海底的模仿王 ——
擬態章魚！

駭人！懂得利用下雨的食蟲植物

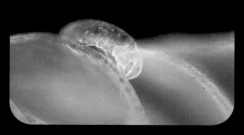

水熊蟲能活在
惡劣環境的祕密

獵豹
最高時速 **110** km

狂奔！快跑！暴走？快來參加飆速王競賽

自然百科
010

講談社の動く図鑑 MOVE

生きもののふしぎ

生物的奧祕百科圖鑑

晨星出版

「活化石」皺鰓鯊現身！

現存外觀從遠古之前就幾乎不曾改變的
生物，稱為「活化石」，原始鯊魚「皺
鰓鯊」也是其中一種。照片上的是在日
本沼津市捕獲的皺鰓鯊，在本書的 P.102
也有出現。

踏上通往未知
世界的旅程！

遠從大約四十億年前，地球上有生命誕生以來，生物逐漸演化成各種模樣。細菌、藻類、種子植物、甲殼類、昆蟲、魚類、兩棲類、爬蟲類、鳥類、哺乳類等，目前已經命名的生物就有大約一百七十五萬種，但這些只是所有生物的其中一小部分；有科學家認為如果把未知生物也算進去，恐怕會有高達一億種。

這些多到數不盡的生物們，全都生活在彼此依賴的生態系之中。我們人類也是其中之一。

近年來科學技術進步，生物的觀察方式也出現前所未有的發展，例如：載人潛水調查船能夠潛入六千五百公尺深的海底；電子顯微鏡能夠觀察肉眼看不到的微生物；GPS 追蹤器能夠準確記錄動物們的動向等，也因而陸續有了超乎人類想像的重大發現，比如說，在深海游泳的大王魷等，更新了我們的記憶。

本書將介紹這些「不可思議」的生物世界。除了我們注目的主題之外，也將著眼於介紹最新科學資料，近距離認識這些生物的神奇之處。

我探究生物們的奧祕已經五十年，彷彿在進行一場沒有終點的旅行般，持續研究這些生物。

閱讀本書的各位，也與我一樣，是對未知世界充滿好奇的旅人吧？你們應該也明白這個世界充滿許多神祕未解的事物。

好了，我們這就出發，一同進入這些驚人生物的世界，探訪那些尚未有人看過的大發現吧！

立教大學名譽教授（理學博士）上田惠介

●本書使用方式

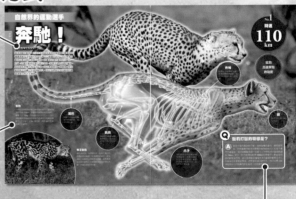

上田博士的重點！

上田博士（上田惠介名譽教授）以簡單明瞭的方式說明。先看過這裡，內容讀起來會更有趣。

標示說明

● 尺寸大小
● 棲息地
● 食物

Q&A

本書列出各式各樣生物相關的問題，關於這些問題，上田博士都會給予清楚的解答。

CONTENTS

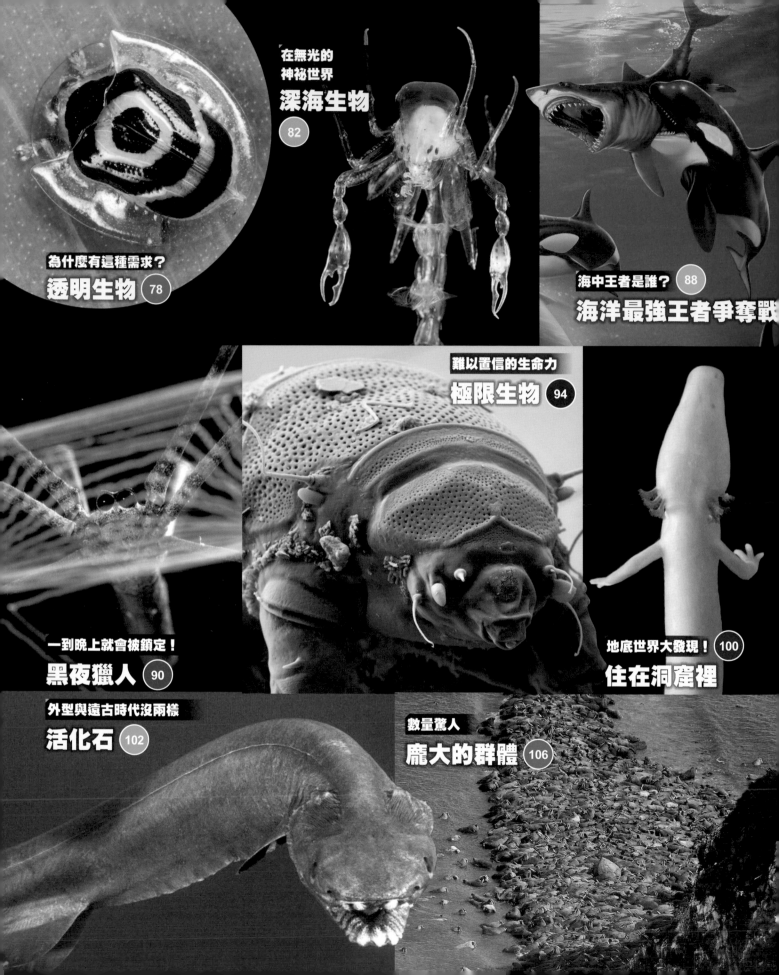

驚人的巨型生物！

上田博士告訴你！

愈大愈好！體型巨大，在生存方面有許多好處。其中最大的好處就是敵人少。體型大的動物就算被咬，也幾乎不會受傷，而且比較耐飢餓，短期間內缺乏食物也不要緊。體型小可能很快就會餓死，但體型大，可仰賴儲存在體內的養分存活。問題是，為了維持龐大身軀正常運作，牠們必須吃下很多食物才行。

南非共和國野生動物保護區的大象在對汽車惡作劇！

非洲象

地表最大的動物。雄象之中體型最大者，體長可達 7.5m，由地面到肩膀的高度是 4m，體重有 7.5 公噸重。為了維持如此龐大的身體正常運作，牠們每天必須吃下 100～300kg 的樹葉或草類。

■ 6～7.5m ■非洲 ■葉子、樹根、樹皮、草、果實

Q 非洲象的耳朵為什麼這麼大？

A 非洲象所生活的疏林草原有時氣溫很高，牠的大耳朵有許多血管通過，煽動耳朵能夠冷卻血管，降低體溫。

Q 非洲象比肉食性動物更強嗎？

A 沒有動物會去攻擊並吃掉體重高達 7.5 公噸的非洲象。非洲象的皮膚很厚，即使獅子單獨咬上去也咬不斷；相反地，獅子如果太大意，反而可能會被非洲象一腳踩扁。

北太平洋巨型章魚

住在冰冷大海裡的巨大章魚。紀錄中最大的個體體長9.1m，體重272kg，不過一般的北太平洋巨型章魚平均體長也有3m，體重50kg。由於太過巨大，小型鯊魚也會被牠吃掉。

- 3～5m ■北太平洋
- 蝦子、螃蟹、魚類等

Q 世界上最大的生物是？

A 藍鯨。紀錄上最大的藍鯨體長33m，體重199公噸。有一說認為從恐龍時代到現在，藍鯨都是史上最大的生物。水中有浮力，無須靠自己支撐沉重的身體，因此牠才會長到如此巨大。另一方面，藍鯨的寶寶也很巨大，體重居然有2公噸。成年藍鯨每天要吃4～8公噸的磷蝦。

巨沙螽的同類

體重最有分量的昆蟲之一。與棲息在紐西蘭各島嶼的巨型蚱蜢同類，目前有幾種已知。最大的個體體長9cm，體重超過70g。

- 約9cm ■紐西蘭 ■植物、昆蟲

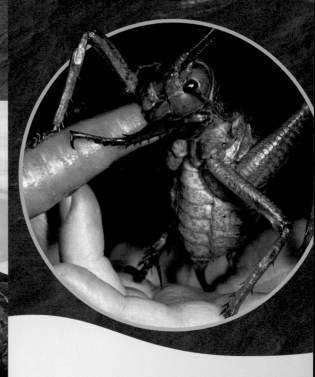

北極熊

陸地上最大的肉食性動物。雄熊體長2.5m，體重甚至有800kg。牠位在北極生態系統的食物鏈頂端，有時會遭到人類獵殺。主要是獵捕海豹為食。

- 1.6～2.5m（雄）、1.8～2m（雌） ■北極圈 ■海洋生物、大型哺乳類、鳥類

Q 生活在寒冷地區，體型就會變大嗎？

A 哺乳類生物必須維持一定的體溫，否則無法活命。動物的體型愈大，熱就愈難被奪走，這道理就與杯子裡的熱水很快就會冷卻，但浴缸裡的熱水不容易變冷一樣。因此生活在寒冷地區的動物，體型通常偏大，這稱為伯格曼法則。

非洲象
體長7.5m

藍鯨

由於牠太過巨大，因此沒有人類以外的天敵，而且壽命很長，甚至能活超過一百年以上。儘管有人認為虎鯨是牠的天敵，但虎鯨攻擊的幾乎都是幼鯨或衰弱的藍鯨個體。藍鯨的大嘴一張，直徑可達 10m，一次可喝進 80 公噸的海水。

■ 25m（雄）、27m（雌） ■ 全世界的大海裡
■ 磷蝦、浮游生物、魚類

森蚺

世界上重量最重的蛇。體重可超過 100kg，體長的最長紀錄為 9m。纏繞力量強，甚至能夠絞死美洲豹和鱷魚後吃掉。

■ 6 ～ 9m ■ 南美洲北部
■ 魚類、兩棲類、爬蟲類、哺乳類

革龜

背甲的長度將近 2m，是世界最大的龜。體型大，因此很耐寒，甚至能夠洄游到冰冷的北極海。

■ 1.2 ～ 1.9m ■ 太平洋、大西洋、印度洋 ■ 水母等

比一比大小！

藍鯨 體長 **33m**

新幹線E5系列車頭 全長 **26.5m**

革龜 背甲長 **1.9m**

森蚺 全長 **9m**

Q 世界最大的樹木是？

A 美國加州稱為「謝曼將軍樹」的樹木。樹齡超過 2000 年，高度達 83.8m，最大直徑 11.1m，體積達 1487 立方公尺，也是地球上最巨大的生命體。

高 83.8m！

樹齡 3200年！

這棵「總統樹」的樹齡據說有 3200年。

世界爺
別名巨杉的針葉樹。生長在美國西岸的內華達山脈。美洲杉與國王峽谷這兩座國家公園裡生長著許多巨大的世界爺。○北美西部

巨仙人柱
巨仙人柱的高度可長到 20m 以上。相當於大樓（7層樓高）的大樓。成長速度十分緩慢，長到那麼高需要耗時將近兩百年。自生在美國的沙漠中。○北美西南部

巨花魔芋（屍花）
高度 3.5m，直徑也可達 1.5m。大量小花密生（肉穗花序）形成一朵大花。生長在印尼蘇門答臘島的熱帶叢林裡。會發出惡臭氣味。○印尼（蘇門答臘島）

海椰子的種子
是世界最大的種子。海椰子只生長在非洲東南方塞席爾共和國，是當地的固有植物。一顆種子的重量有30kg以上，種子會順著海流運送到其他地方。

猴麵包樹的同類

自生於非洲和馬達加斯加等地的巨樹。高度超過20m，直徑約可達10m。

●非洲、馬達加斯加、澳洲

Q 為什麼樹幹上沒有樹枝？

A 它格外引人注目的樹幹，具備儲存大量水分的構造，有了疫葉容易排出水分，因此在樹幹的下半段都不長樹枝。

亞馬遜王蓮

葉子直徑2m，面積可達 3 m²，堪稱世界最大。小孩坐在露浮於水面的葉子上，也不會沉下去。

●巴西（亞馬遜河流域）

大花草（大王花）

會開出直徑達1m的巨花。單一花朵的尺寸是世界最大。主長在東南亞的熱帶雨林裡。會散發出驚人的臭味來引誘蒼蠅等靠近，幫忙運送花粉。

●東南亞

不復存在的巨型生物

🔭 上田博士告訴你！

地球上出現生物至今已經約有40億年，在巨大的恐龍滅絕後，仍舊存在各式各樣超乎想像的超巨型生物。但是這些巨大生物們也已全數絕跡，現在只能夠透過化石得知牠們曾經存在。

巨齒鯊

大約 1500 萬年前棲息在海裡的鯊魚，最大全長可達 18m。科學家認為牠的獵物主要是鯨魚，在鯨魚化石上曾經找到判斷為巨齒鯊齒痕的咬痕。巨齒鯊滅絕於大約 200 萬年前，可能的原因包括水溫變低、爭食競爭對手虎鯨出現等，眾說紛紜。

■ 約 18m　■ 全世界的溫暖海域
■ 鯨魚

▲ 大白鯊

▶巨齒鯊的巨大牙齒化石。

▲巨齒鯊的最大全長為18m，大約是最長6.5m的大白鯊之三倍。

Q 誰是大象的祖先？

A 鏟齒象的肩高約 2.5m，與古代象同類。牠的下頜牙齒像扁平的鏟子，一般認為那是用來挖出沼澤植物的根等食用。

▲ 鏟齒象

Q 南美洲的巨型生物為何絕跡？

A 有一種說法認為，曾經存在劍齒虎、大地獺（大地懶）的南美洲，過去棲息著許多巨型生物。後來發生地殼變動，使得南美洲的陸地與北美洲相連，人類因此能夠來到南美洲，巨型生物也就在人類的捕殺下陸續絕跡。但詳細情形目前還不清楚。

砂礦獸

類似馬的動物，存在於大約 2000 萬年前，體長 2m。前腳很長，有勾爪，一般認為勾爪可幫助牠用後腳站起抓住樹枝，拉近食用。

■ 約 2m　■ 歐洲、亞洲、非洲
■ 樹葉

A 挖掘出來的骨頭，經過計算骨頭安裝在身上的角度並加以組合後，就能夠思考出全身的體型。更進一步研究肌肉生長的方式等，即能復原牠生前的模樣。先找到大量的骨頭化石，才是拼湊出正確樣貌的捷徑，最近科學家們會利用電腦進行模擬。

大地獺（大地懶）

與劍齒虎同一時期生活在南美洲，是巨型樹獺（樹懶）的同類。體長與現在的非洲象差不多，體重據說有 3 公噸。前腳有長勾爪，科學家認為牠是利用勾爪拉下樹枝吃葉子。

■約 5～6m ■南美洲
■樹葉、植物的根

劍齒虎

300 萬年前到 1 萬年前生活在南北美洲的大型貓科動物。體長約 1.8m，擁有長度超過 20cm 的尖牙，一般認為牠們會獵食長毛象等。

■約 1.8m ■南北美洲 ■大型哺乳類

奔馳！

👀 上田博士告訴你！

高速奔馳的動物，生活在非洲疏林草原那類遼闊的環境。那種環境幾乎沒有樹木和岩石等可以躲藏的地方，因此草食性動物如果逃跑的速度不夠快，就會被肉食性動物抓住。另一方面，肉食性動物如果不使出全力，就無法追上逃跑的獵物。其結果就是雙方為了活下來，因此愈跑愈快。問題是，野生動物無法持續以全速奔馳太久，因此我們對於很多動物的最高速度仍然不太清楚。

獵豹

分布在非洲疏林草原以南的貓科動物，最高時速約可達 110km，是動物界最快的短跑健將。體重大約 50kg，只有獅子的四分之一，因此通常獵食湯姆遜羚羊和兔子這類中小型哺乳類動物。○ 1.2～1.5m ■非洲、伊朗 ●中型哺乳類、小動物

尾巴

長尾巴可避免急轉彎的時候跌倒，保持身體平衡。

肌肉

胸部和大腿都有強韌的肌肉，能夠踏出強而有力的腳步。

帝王獵豹

通常獵豹身上有斑點花紋，但帝王獵豹的斑點卻彼此相連，形成獨特的條紋。被發現時，科學家以為牠是新物種，後來透過基因等的研究，才得知牠是基因突變的個體，與獵豹是相同物種。

時速
110
km

獵豹
高速奔馳
的祕密

脊椎

能夠十分柔軟地活動，
就像身體的彈簧般，因
此可產生驚人的跑速。

頭

頭很小，所以風
阻也小。

Q 獵豹打獵的特徵是？

A 獵豹不是成群結隊打獵，通常是獨自進行。鎖定獵物
後，牠就會盡可能來到最靠近獵物的地方，趁其不備
突然衝過去。獵豹的瞬間加速十分驚人，3秒就可以達到時速
約70km。另外，牠也能夠在時速100km的狀態下，配合獵物
的行動緊急煞車。這也使得獵豹擁有非洲大型貓科動物之中，
狩獵成功率最高的殊榮。但是獵豹無法跑太久，所以如果沒能
夠在幾百公尺距離內抓到獵物，牠就會放棄。

爪子

貓科動物的爪子都能夠
收進腳裡，但唯有獵豹
的爪子無法收起，牠的
爪子有釘鞋的作用，能
夠牢牢抓緊地面。

鴕鳥

生活在非洲疏林草原的世界最大鳥類，體重有 150kg，雖然不會飛，但牠的雙腿有強健的肌肉，奔跑速度最高約可達時速72km。

◻ 2.1～2.7m ◼非洲
◻種子、植物的葉子、昆蟲

奔馳！

Q 鴕鳥為什麼不會飛？

A 科學家根據鴕鳥祖先的化石判斷牠曾經會飛。後來鴕鳥逐漸演化，得到龐大身軀和奔跑速度，最後終於飛不起來。

時速
70
km

獅子

奔跑追捕獵物時，最高時速約可達 60km。但是獅子無法跑太久，所以據說牠們追捕獵物頂多追到 200m 遠。
◻ 2.4～3.3m ◼非洲、印度 ◻大型哺乳類、小動物

時速
60
km

田徑選手
9.58秒

長頸鹿
7.20秒

獅子
6.00秒

鴕鳥
5.14秒

北美叉角羚
4.00秒

非洲象
9.23秒

靈猩
6.00秒

大灰袋鼠
5.62秒

Q 海膽會跑步？

A 棲息在海底岩石間的海膽行動非常緩慢，不曾奔跑，但是生活在泥沙裡的同類長拉文海膽則有長刺（棘），會像蜈蚣的腳一樣活動，一秒可跑 20cm。牠的棲息地在很淺的淺海，所以會配合潮汐漲退奔跑移動，避免離開水裡。

▲長拉文海膽

靈猠 （格雷伊獵犬）
這是賽狗用的品種。賽狗就像賽馬一樣，是競爭速度的比賽，因此這種狗經過品種改良，具備高速奔馳的能力。最高時速約有 60km。

時速
60
km

Q 實際測量獵豹奔跑的速度，結果？

A 科學家利用各式各樣的方法調查獵豹的最高跑速，包括讓人工飼養的獵豹個體在運動場奔跑測量，或透過影片計算推測等，得出的結果從時速 69.8km 到 140km 都有，差距很大。最近則是將具有 GPS 的裝置裝在獵豹身上進行測量，紀錄顯示，非洲野生獵豹的最高時速約 93km，加速的速度是「地球上跑得最快的人」尤塞恩選手的 4 倍，另外也發現獵豹能夠跑出比狩獵時最高時速更驚人的速度。

比一比
誰的速度
最快！

獵豹
3.27秒
※時速110km的場合

假如野生動物們參加100m短跑比賽，幾秒會抵達終點呢？

神祕的骨骼

上田博士告訴你！

骨骼的用途是支撐身體，保護內臟。每種生物的骨頭形狀、大小、數量皆不盡相同。觀察骨骼可以找出生物經歷過什麼樣的演化。我們就來比較看看各種生物的骨骼吧。

大巨嘴鳥

鳥喙長度可達 20cm，但內部有許多小縫隙，因此重量很輕。

◼ 55～61cm ◼南美洲
◼果實、蛋

印度蟒

身體大部分是脊椎骨，有 200 塊以上的骨頭。連接脊椎的肋骨很柔軟，因此能夠吞下整隻大型獵物。

◼ 2.4～3m ◼印度與鄰近區域
◼鳥類、哺乳類

Q 鳥喙為什麼那麼大？

A 有了又長又大的鳥喙，就能夠吃到細樹枝末端的果實。另外，鳥喙裡有許多微血管通過，可幫助身體降溫。

北美海牛

適應了水裡的生活後，後腳和骨盆幾乎消失，尾巴變粗，可用來用力划水。

◻ 2.1～4m ◼ 加勒比海沿岸 ◼ 海藻

▲ 蜷曲成球狀的拉河三帶犰狳。

拉河三帶犰狳 *

背上有骨板覆蓋，能夠蜷起保護脆弱的腹部。犰狳之中可完全蜷起成球狀的，只有牠和其同類巴西三帶犰狳。

◻ 25cm ◼ 南美洲中央 ◼ 昆蟲

* 音同「球魚」。

獅子

雄獅的頭骨是貓科動物中最大。肉食性動物都有巨大的犬齒和結實的下頜，咬合力是草食性動物的好幾倍。

■ 2.4～3.3m ■非洲、印度 ■大型哺乳類、小動物

食魚鱷（恆河鱷）

牠與鱷魚同類，有細長管狀的嘴，以及密密麻麻的尖銳牙齒。左右晃動嘴尖就能夠抓到魚等。

■ 3.6～4.5m ■印度、緬甸 ■魚類

Q 蛇的嘴巴為什麼可以張很大？

▼吞下整隻老鼠的球蟒。

A 蛇的下頜骨左右分開，由負責伸縮的韌帶相連，因此能夠張大嘴巴，吞下比自己的頭更大的獵物。

蟒科類群

牠們會捲住獵物勒斃，再整個吞下。尖銳的牙齒朝內生長，咬住獵物後就不會放開。

左右分開的下頜骨。

犀鳥

鳥喙上方有很大的突起物。突起部分的骨頭內部是海綿狀，重量很輕。

◼ 40～150cm ◼東南亞 ◼果實、蜥蜴等

吻部

尖吻鯖鯊

兇猛的大型鯊魚。鯊魚骨頭是軟骨，特徵是輕巧柔軟，很難製成標本，所以是用 X 光的照片。另外，鯊魚同類的吻部都有稱為「羅倫氏壺腹」的感電器官。

◼ 4m ◼全球各地的熱帶、溫帶海域 ◼魚類等

Q 大象的鼻子裡面沒有骨頭嗎？

A 大象的鼻子是由肌肉構成，裡面沒有骨頭。通常肌肉必須要與骨頭、關節連動，才能活動，但大象的鼻子只有肌肉也能夠隨心所欲活動。

非洲象

有兩支長尖牙，可挖土找水或刨樹根吃。

◼ 6～7.5m ◼非洲
◼葉子、根、樹皮、草、果實

更高、更遠！ 跳躍！

從巨大的鯨魚到微小的跳蚤，生物會基於各式各樣的目的展現驚人的跳躍能力。當中擁有最多動物界首屈一指跳高跳遠高手的，就是貓科動物。他們利用柔軟而有力的肌肉，發揮超乎想像的跳躍力捕抓獵物。相反地，貓科動物鎖定的草食性動物也有絕佳的跳躍力，用來閃避攻擊逃走。除了跳躍外，還有能夠展開飛膜滑行到更遠處的馬來鼯猴與裸耳飛蜥，利用扁平身體在空中滑行的天堂金花蛇等。

Q 假如野生動物們在城市裡比賽跳高跳遠？

A 動物界排名第一的跳遠選手是雪豹，他能夠跳高跳遠輕鬆飛越巷弄，跳過城市裡一棟棟的建築物。長鼻猴則能夠在行道樹之間跳躍。白肯跳狐猴能夠從中型巴士的車頭跳到車尾。大灰袋鼠能輕鬆跳過三輛並列列的汽車。身為羚羊同類的克氏大羚，體長只有70cm左右，但能夠跳出5m的距離。

※ 能夠在空中滑行的生物，其飛行距離會大大受到風吹等條件的影響，因此這裡標示的只是大路的數字。

裸耳飛蜥
距離8 m

天堂金花蛇
距離100 m

雪豹
距離15 m

馬來鼯猴
距離130 m

野生動物之中的

長鼻猴為了渡河所跳過的距離

10m

長鼻猴

棲息在河邊樹林裡的猿猴。移動或遇到危險時，就會遠距離跳躍，有時也會從高約 20m 的樹上跳入河裡。照片上是懷裡抱著幼猴，從這棵樹跳到那棵樹的長鼻猴。

● 70cm（雄）、60cm（雌）　● 婆羅洲　● 樹葉、果實

雪豹在岩石之間跳躍的距離

15m

Q 雪豹的尾巴為什麼又粗又長？

A 雪豹是在十分險峻的岩石山地陡坡之間活動，為了保持身體平衡，因此有一條又粗又長的尾巴。

雪豹

棲息在喜馬拉雅山脈與中亞山岳地帶的貓科動物。躲在岩石後面，利用 15m 遠的跳躍力捕捉阿爾卑斯源羊。

● 1～1.3m　● 中亞　● 大型哺乳類、小動物

大白鯊

大白鯊從水底急速靠近在水面附近游泳的海狗，張嘴咬住後高高跳起，距離水面的高度有 3m。

● 6.5m　● 全球各地的溫帶、熱帶海域　● 大型魚類、海洋哺乳類動物、海龜

咬住海狗的大白鯊跳出的高度

3m

最佳跳躍高手 TOP 5

黑臀羚羊

與住在非洲的羚羊同類。照片上是一群非洲野犬獵捕黑臀羚羊時，黑臀羚羊展現華麗跳躍力逃跑的場景。牠的跳躍能力驚人，一跳就可達 10m 遠，高度也有 2～3m。

⬜ 1.2～1.6m ⬜ 非洲中部到南部 ⬜ 草、樹皮

Q 長鼻猴為什麼要在樹與樹之間跳躍移動？

A 叢林的地面上和矮樹上住著牠們的天敵雲豹，十分危險，因此長鼻猴會在高大的樹與樹之間跳躍移動。

黑臀羚羊逃離掠食者所跳躍的距離

10 m

獰貓為了抓住飛鳥而跳起的高度

獰貓

棲息在非洲和亞洲疏林草原的貓科動物。以擅長抓鳥聞名，一躍可達 3m 的高度，牠常利用驚人的跳躍力撲上受到驚嚇飛起的鳥。

⬜ 62～91cm ⬜ 非洲、西南亞 ⬜ 小動物、大型哺乳類、鳥類

3 m

27

海裡也照跳不誤！

無刺蝠魟

與雙吻前口蝠鱝同類，因繁殖期會成群結隊移動而聞名。雄魟會從海裡大幅度跳上海面，科學家認為這個行為或許是在對雌魟求愛。

■ 2.2m（寬度）■加利福尼亞灣、厄瓜多沿岸、加拉巴哥群島 ■浮游生物、甲殼類

大量群聚到幾乎填滿大海的無刺蝠魟。

從側面看飛起來的無刺蝠魟，就會發現牠展開的胸鰭很像鳥類的翅膀。

A 翻車魨跳出海面的原因沒有人仔細
研究過，因此還不得而知，不過其
中一種說法認為牠的這種舉動，或許是為了
弄掉身體表面的寄生蟲。

翻滾吧，翻車魨！

翻車魨

牠是類似河豚的魚類，背鰭與臀鰭有部
分相連，形成獨特的「舵鰭（圓形假尾
鰭）」。可在日本大分縣等地的海邊看
到牠跳出海面翻身的樣子。
■4m ■北海道至九州、臺灣、北太平
洋、澳洲東南部等
■水母類、甲殼類、魚類等

漂浮在海面的翻車魨。舵鰭就像船舵一
樣，負責變換方向。

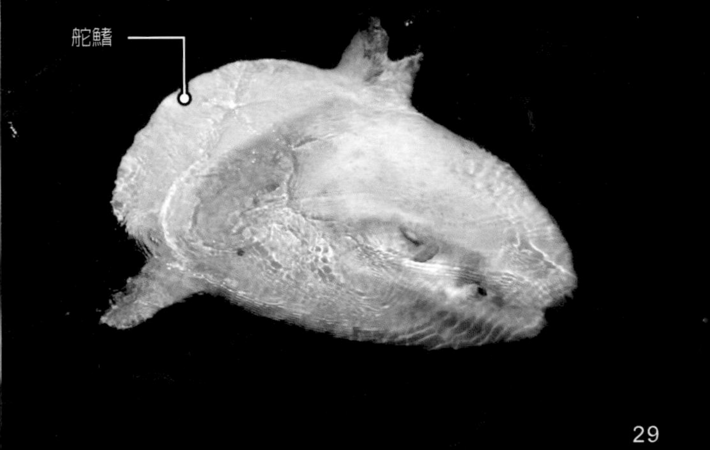

舵鰭

飛行！

飛行！

👀 上田博士告訴你！

假如你以為會飛上天的生物只有鳥類、昆蟲和蝙蝠，那可就大錯特錯！蜥蜴、青蛙、海裡游的烏賊，甚至是蛇都會飛。平常這些生物不會在天上飛，只有極少部分的同類，身體演化成能夠飛的構造，用來閃避天敵或危險場所。

烏賊飛上天 !?

這是在日本千葉縣以東500km的太平洋上拍攝到的飛天烏賊。這群烏賊數量高達一百隻，科學家認為牠們是南魷或赤魷的其中一種。

Q 烏賊為什麼會飛？

A 海裡有許多以烏賊為獵物的魚類，例如：鮪魚、鰹魚等。科學家認為有可能是因為魚類的游速非常快，烏賊被追到九死一生，根本沒時間思考，才會衝出海面飛上天，藉此隱身，逃離天敵的追逐。除了南魷、赤魷之外，北魷等或許也會在小時候飛出海面。

Q 牠是靠什麼機制飛行？

A 牠會像噴射機一樣衝出水面，展開肉鰭和腕上的薄膜，就能宛如滑翔機般在空中滑行。

赤魷

科學家觀察到，體長約 20cm 左右的赤魷，在距離海面 1～3m 的高度，空中滑行了約 30m 遠。

🔲 20cm 🔲 全球各地的溫暖海域 🔲 魚類

Q 飛魚能夠飛多遠？

A 飛魚可在海面上飛行 300～400m。有人曾在日本鹿兒島縣近海拍到飛魚持續飛行 45 秒鐘的畫面。

飛魚的同類

被天敵追殺時，牠們會用力擺動尾鰭跳出水面，展開類似翅膀的長胸鰭在海面上滑行。有些不同種的飛魚有較大的腹鰭，就會利用四片魚鰭飛行。全球各地的溫暖海域裡大約棲息有 50 種飛魚。🔲 25～35cm 🔲 全球各地的溫暖海域 🔲 浮游生物

Q 東南亞為什麼有較多會飛的生物？

A 婆羅洲等東南亞叢林裡的樹木都很高大，甚至高達 30m 以上，而棲息在這些高大樹木上的生物，為了在樹林間移動找尋食物，必須先下到地面，再爬上另一棵樹，問題是地面上有牠們的天敵存在，十分危險，再者，於地面和樹上之間爬上爬下實在太累，因此這些生物中，有些選擇採取空中飛行的方式在樹與樹之間移動。

裸耳飛蜥

牠會展開腹部的飛膜，以空中滑行的方式在樹與樹之間飛行。除非要產卵，否則不會下到地面。

◗ 30 ～ 36cm ◗ 東南亞 ◗ 螞蟻等

黑掌樹蛙

趾間的蹼很大，在樹與樹之間移動時，牠會張開蹼，用空中滑行的方式飛上天。有時甚至可以滑行約 15m。

◗ 8 ～ 10cm ◗ 東南亞 ◗ 昆蟲

天堂金花蛇

張開肋骨把身體攤平飛上天，再扭動身軀延長滯空距離。牠甚至能夠飛過相距100m 遠的兩棵樹。□ 1 ～ 1.2m ■東南亞 ■兩棲類、蛇和蜥蜴、小型哺乳類

Q 除了蝙蝠之外，在日本還有其他會飛的動物嗎？

A 日本也有鼯鼠、蝦夷小鼯鼠、日本鼯鼠這三種會飛的動物。特別是鼯鼠，由於棲息在神社的森林等靠近城市的地方，因此很容易觀察到。

馬來鼯猴

下巴兩側到前腳趾尖、後腳趾尖、尾巴末端連接成一片飛膜，能夠大大展開在空中滑行。馬來鼯猴是原始猿猴之一。
□ 33 ～ 42cm ■東南亞
■葉子、花、果實

日本大鼯鼠

除了北海道和沖繩之外，棲息在日本全國各地，與松鼠同類。脖子、前腳、後腳、尾巴之間有飛膜，張開後可以在樹林間滑行。最遠紀錄是空中滑行 160m。
■ 27 ～ 48cm ■日本、東南亞 ■樹葉、果實

翅葫蘆的種子

種子又輕又薄，有類似翅膀的薄膜，可像滑翔機一樣在空中飛行。能夠在幾十公尺高的地方結出人頭大小的果實，每當風一吹，種子就會隨風飛遠。
□15cm（種子的大小） ■東南亞

Q 植物為什麼會飛上天？

A 植物無法自主活動，必須靠外力的幫助，才能夠將自己的子子孫孫散播到更大範圍的地方去，因此設法讓種子能夠飛行。

楓屬植物的種子

楓樹類的種子稱為翅果，擁有類似翅膀的薄巧構造，能夠受風旋轉飛行。■ 2 ～ 4cm（種子的大小） ■全球各地的溫帶地區

陸地最強王者爭奪戰

上田博士告訴你！

野生動物們通常不會打沒有把握的仗，問題是，有時也會出現人類邏輯無法理解的戰爭。我們就從那些打架的模樣，比較動物們的戰鬥能力吧！

長頸鹿

地球上個子最高的動物。不僅奔跑時速可達 50km，而且能夠持續奔跑很長一段時間。

■ 4.7～5.7m ■非洲
■葉子、花、穀類、果實

Q 長頸鹿與獅子，何者比較強？

A 獅子如果成群結隊攻擊長頸鹿，通常長頸鹿會被打敗。但是，長頸鹿的體重有 1.5 公噸重，奔跑的時速有 50km 那麼快，因此腳力也很驚人，就算雄獅再厲害，也有可能一個不小心被踢死。

標示說明：○尺寸大小 ○棲息地 ○食物

A 照片上的雌河馬企圖保護
孩子遠離失控發狂的非洲
象，卻被象鼻輕鬆撂倒。即使是咬
力驚人的河馬，也敵不過身軀龐大、
力氣也很大的非洲象。然而，照片
裡的情況其實鮮少發生。

非洲象

非洲象平常給人穩重文靜的印象，但
失控發狂時十分危險。重達 7.5 公噸
的巨大身軀一撞過來，大多數動物都
會被撞飛。
■ 6～7.5m ■非洲 ■葉子、根、
樹皮、草、果實

河馬

白天時間待在水裡或水邊，到了夜晚就
會來到陸地上吃草。人們見河馬的腿短
身軀大，因此往往誤以為牠跑步很慢，
事實上河馬跑步的時速高達 40km，因
此人類遭河馬攻擊的意外也頻頻發生。
■4.3～5.2m ■撒哈拉沙漠以南的非
洲 ■草、根、葉子、樹皮

尼羅鱷

大嘴一張就看到成排的尖牙。咬
力約高達 2.5 公噸，能夠把大型
動物角馬、斑馬拖進水裡吃掉。
有時也會攻擊人類。
■4～5.5m ■非洲、馬達加斯
加島 ■大型哺乳類、魚類

Q 河馬與鱷魚，何者比較強？

A 鱷魚擁有尖牙和強大的咬力，但身
軀龐大且皮膚厚約 4cm 的河馬，即
使被咬到也不痛不癢。再加上河馬的下頜力
氣很大，嘴巴能夠張開 150 度，鱷魚的身子
一旦被河馬咬住，就毫無勝算了。

獅子

獅子是由一頭雄獅、多頭雌獅與幼獅組成「獅群」共同生活。打獵主要是雌獅的工作，遇到小型獵物，牠們會前腳一揮就搞定：如果遇到大型哺乳類動物，牠們會撲上去拉倒對方，張口咬住喉嚨使對方斷氣。◯ 2.4～3.3m ◯非洲、印度 ◯大型哺乳類、小動物

Q 獅子強大的祕密在於什麼？

A 獅子強大的祕密就在於團隊合作。即使是單靠一頭獅子無法打倒的對象，只要多頭獅子聯手，頻頻攻擊各個部位，就算是龐大的非洲象也有可能被打倒。

棕熊

牠們通常獨來獨往生活，不成群結隊。其中體型最大的亞種阿拉斯加棕熊，直立高度有 3m，體重超過 600kg，前腳有約 6cm 長的爪子，嘴裡有大犬齒（尖牙）。牠們是吃肉也吃植物的雜食性動物，也會獵食鹿等大型哺乳類動物。

■ 1.7～2.8m ■ 北海道／歐亞大陸、北美 ■ 哺乳類、魚類、植物等

西伯利亞虎

老虎之中體型最大的亞種。雄虎的平均尺寸是 3.15m，體重為 248kg，體長比體型最小的亞種「蘇門答臘虎」約超過 1m、體重約超過 100kg。獨來獨往棲息在副極地氣候區的森林裡，獵食哺乳類動物維生。物種數量十分稀少，推測約只剩下五百頭，有絕種的危機。

■約 3m ■俄羅斯東部、中國東北 ■哺乳類、鳥類

Q 老虎與棕熊，何者比較強？

A 俄羅斯東部同樣是棕熊和西伯利亞虎的棲息地，因此牠們偶爾會對上。有時是老虎吃掉棕熊，有時是棕熊吃掉老虎，勝負的關鍵據說是取決於體型大小。

Q 獅子和老虎，何者比較強？

A 獅子和老虎的棲息地沒有重疊，所以牠們在大自然裡不會對上彼此。但是古時候曾經有人把牠們關在同一個籠子裡對打，當時的紀錄顯示雙方各有勝負。不同個體的體型和個性皆不相同，因此很難分出誰強誰弱。

生物驚人的本事

狩獵必勝法

👀 上田博士告訴你！

要在嚴峻的大自然中活下去，真的很辛苦，尤其是獲得食物。那些能夠跨越艱辛生存下來的生物們，都是使用令人驚訝的超強能力取得食物，這裡將介紹牠們華麗的獵食技巧。

鱷龜（真鱷龜）

世界最大的淡水龜。牠會在水中把嘴巴大大張開，扭動舌頭上類似蚯蚓的分岔肉突，吸引魚類靠近，等到魚兒靠近，就一口咬下。

◻ 60～80cm　◻ 美國東南部　◻ 魚類、蝦、蟹、鳥類

Q 魚為什麼會被鱷龜（真鱷龜）的舌頭騙？

A 魚類的習性是會把蚯蚓這種不規律扭動的東西當成食物。何況鱷龜（真鱷龜）的舌頭從形狀到顏色都很像蚯蚓，因此魚兒忍不住就會想要上前咬住。

啊！
發現蚯蚓！

利用舌頭釣魚！

Q 牠是如何噴水？

A 牠的上頜內側有條細溝，用舌頭一推，就能夠噴出水來。噴水時為了避免水勢太弱，會暫時閉上鰓蓋。

鱷龜(真鱷龜)的舌頭
有個分岔的肉突，顏色和外型很像蚯蚓。

橫帶射水魚
棲息在海水與淡水交界的河口等地方。一看到浮出水面的植物上停棲著蟲子，就會像水槍一樣用力吐水，擊落蟲子獵食。

■ 15cm ■ 東南亞
■ 昆蟲、蝦、魚類

狙擊獵物！

殺手芋螺

棲息在溫暖海域的螺貝類，芋螺科的成員之一。一到夜晚，牠會悄悄靠近睡覺的魚，從嘴巴伸出毒針刺殺，等魚死掉不動就可以飽餐一頓。

◯ 10cm ◯印度洋、太平洋 ◯魚類

Q 人類若被刺到會有事嗎？

A 殺手芋螺的毒性很強，曾經有人被刺到毒死的紀錄，但是不小心摸到其外殼的話，並無危險。

狄氏大田鱉

生活在淡水的半翅目成員之一。牠通常埋伏在水中岩石或水草間，等魚或青蛙靠近，就用牠粗壯的前腳抓住對方，把像針一樣尖銳的嘴巴插到獵物身上，接著從嘴裡吐出消化酵素，將獵物的肉分解成液狀再吸食。

◯ 4.8～6.5cm ◯日本的本州、四國、九州、琉球群島 ◯魚類、青蛙

Q 狄氏大田鱉比日本蝮蛇強嗎？

A 狄氏大田鱉在埋伏等待時，不管面前在動的東西是什麼，都會撲上去抓住，因此也會抓到有劇毒的日本蝮蛇。即使是體型較大的日本蝮蛇，也有可能被狄氏大田鱉持續吸食而亡。

大翅鯨（座頭鯨）

大翅鯨一發現鯡魚等的魚群，就會多隻聯手包圍，把牠們逼到水面附近，等到魚群聚集成一團時，再張開大口一次吞下，這種獵捕方式稱為「水泡網捕獵法」。

☐ 約 15m ☐ 太平洋、大西洋、北極海 ☐ 浮游生物、魚類

Q 製造水泡的用意是什麼？

A 魚群被大翅鯨製造的水泡簾幕圍住，就會因為害怕水泡而無法逃脫，像是被漁網圍住一樣。

角鵰

生活在南美洲叢林裡的世界最強老鷹之一。展開翅膀可達 2m，體重 9kg，健壯的腳上有超過 10cm 長的利爪。這對利爪據說有 100kg 以上的強大握力，能夠抓住猿猴或樹獺（樹懶）飛行。

■約 96cm ■南美洲 ■哺乳類

Q 鳥類之中最強的獵人是？

A 鳥類之中最強的，據說是獵食猿猴和樹獺（樹懶）的角鵰，或是棲息在非洲，獵食蹄兔的冕鷹鵰。

▶冕鷹鵰

綠簑鷺

綠簑鷺平常出現在水池或河川等地方，等著抓魚。生活在日本熊本縣和鹿兒島縣公園裡的綠簑鷺，懂得利用昆蟲或羽毛引誘魚兒靠近，就像在釣魚一樣。
⬛ 40 ～ 48cm ⬛ 亞洲、非洲、澳洲、南美洲 ⬛ 魚類

Q 植物為什麼要吃昆蟲？

A 豬籠草生長的土地養分不夠多，因此它們捕抓昆蟲，用捕蟲籠吸收平常利用根部吸收的養分。

豬籠草

食蟲植物之一的豬籠草，垂掛著幾個由葉子變形而成的壺形「捕蟲籠」，籠內會分泌蜜汁，吸引昆蟲靠近，一旦昆蟲進入捕蟲籠裡，就會因為內壁太滑爬不出去，而跌落籠底。籠底有消化液分解昆蟲，變成養分。
⬛ 東南亞、斯里蘭卡、馬達加斯加島

落入豬籠草裡的昆蟲們

黑鷺

生活在非洲的黑鷺會利用翅膀遮光，讓水裡的魚更容易被發現進而捕捉。
⬛ 42 ～ 66cm ⬛ 非洲 ⬛ 魚類

Q 牠是如何學會釣魚技巧？

A 只有住在公園水池的綠簑鷺，懂得展現釣魚神技，因此科學家認為牠們或許是看到人類餵魚，魚群靠過來的樣子，所以模仿照做。綠簑鷺留下可以當作食物的昆蟲不吃，反而當成魚餌釣魚，牠們的智慧令人驚嘆。

微生物的世界

👀 上田博士告訴你！

這兩頁出現的臉，是恐龍嗎？是怪獸嗎？其實這些臉都是來自於稱為「深海熱泉管蟲」的生物。使用電子顯微鏡放大微小世界，才首度看到牠們的長相。「深海熱泉管蟲」也是淺海常見的沙蠶、磯沙蠶同類，生活在海底熱泉噴出口附近。

海鱗蟲

目前已知有許多生物棲息在海底熱泉噴出口附近。照片上是海鱗蟲的頭部。牠的體長 5 ～ 8mm，寬度約 0.5mm，相當於自動鉛筆筆芯那麼粗。牠的下巴向前突出，後面一節有嘴唇和剛毛；剛毛也是沙蠶的特徵。但牠們的臉上沒有眼睛；因為深海很暗，這裡的生物多半沒有眼睛。

▼像魚鱗一樣扁平的鱗片一左一右排成兩列。牠與淺海常見的沙蠶是同類。

Q 深海熱泉管蟲住在哪裡？

A 右側照片就是這群怪獸們生活的熱泉噴出口附近。熱泉裡含有許多礦物質，一噴出就冷卻，所以看起來是黑色，也稱為「海底煙囪」。稱為「細菌」的小生物就靠這些礦物質生存，因此在熱泉噴出口附近，棲息著許多吃細菌的生物。

大量的白色管子像針山一樣豎著，頂端還冒出類似紅花的東西，這也是沙蠶的同類，稱為「巨管蟲（大管蟲）」。另外還有些沙蠶同類可承受80℃熱泉水也安然無恙。

驚人的深海熱泉管蟲還不止這些

博比特蟲

經常用來當做釣魚的魚餌，是磯沙蠶之一。磯沙蠶的同類多半在嘴裡有大下巴。博比特蟲的下巴形狀就像兩支相對的叉子，這個形狀的下巴，與其說是要咬碎獵物，更像是用來把四散的食物收集在一起。

雙齒圍沙蠶

眼睛看似突出來，但其實牠沒有眼睛。嘴巴後方有四對剛毛是雙齒圍沙蠶的特徵。厚唇大嘴的模樣很像怪獸。

珠袖蝶的卵

大小約 1mm。產在用來當作幼蟲食物的藍花西番蓮卷鬚上。藍花西番蓮是西番蓮科的藤本植物，莖上有葉子變形而來的卷鬚。

為什麼要在這種地方產卵？

珠袖蝶喜歡把卵產在藍花西番蓮的卷鬚尖端，據說是為了避免被螞蟻吃掉。

珠袖蝶

棲息在北美洲南部到南美洲一帶的毒蝶類蝴蝶。幼蟲吃下有毒的藍花西番蓮，毒素在體內累積。

■ 8.2 ～ 9.2cm ■ 北美洲南部到南美洲北部 ■ 花蜜、藍花西番蓮（幼蟲）

©M.Oeggerli,supported by E & H Zgraggen,PTU.

真苔目植物的孢子體

真苔目植物是苔蘚之一，約有一萬一千種，自生於溫帶、亞熱帶、熱帶地區的潮溼環境中（照片上）。苔蘚植物不是靠種子，而是靠孢子繁殖。孢子體的膨脹部分內有孢子。右側照片的孢子體是乾燥狀態，所以有齒狀的外蓋，等到下雨溼潤後就會張開，讓孢子隨風飛遠。

■ 全球的溫帶、亞熱帶、熱帶地區

Q 電子顯微鏡為什麼厲害？

A 電子顯微鏡是把波長只有光的十分之一的短波長電子束，打在觀測物上，藉此放大影像的顯微鏡，能夠用來觀察一千萬分之一公釐大的物體。另外還有一種稱為掃描電子顯微鏡（SEM），對焦範圍比一般光學顯微鏡更廣，能夠使觀測物看起來有立體感，也能夠仔細看到表面的細節。

蚊子的吸血口器

蚊子的嘴巴（口器）就像一根針，但放大來看就會發現裡面有六根極細的針，包括能夠刺破皮膚的針、能夠釋出液體阻止血液凝固的針、像吸管一樣用來吸血的針等，各有不同的用途。

懂得使用工具的生物們

工具高手

👀上田博士告訴你！

科學家一直以來都認為懂得使用工具的生物只有人類：因為人類以外的生物，擁有特殊的身體構造，使得牠們即使不使用工具，也能夠取得或吃到食物。但是最近的研究發現，有些生物也會使用工具。使用工具，不需要特殊的身體構造，也能夠取得新的食物。

Q 為什麼學會用石頭當工具？

A 懂得使用工具的黑帽捲尾猴棲息在乾燥的岩地，除了椰子果實，沒有其他食物可吃。為了在這種環境中活下去，牠們必須吃椰子果實，因此有時會使用重量超過 1kg 的石頭當工具。另外，牠們還會特地從遠處搬來石頭當作工具使用。

黑帽捲尾猴

生活在巴西美景鎮（Boa Vista）的黑帽捲尾猴，擁有舉起石頭敲碎椰子果實的技能。黑帽捲尾猴經過訓練後，懂得與人類溝通交流，在美國也有幫助殘障人士的「殘障輔助猴」。
- 32 ～ 56.5cm ● 安第斯山脈東部
- 果實、種子、葉子、根、小動物等

Q 這項技能是代代相傳的嗎？

A 成年的黑帽捲尾猴不會教幼猴使用石頭的方法，幼猴通常是自己觀察成猴如何使用工具，並且漸漸摸索學會用法。

Q 是誰教牠們如何使用石頭的？

A 白兀鷲沒人教導就懂得丟石頭把蛋打破，科學家認為這是牠們與生俱來的習性。

白兀鷲

棲息在埃及的白兀鷲，要吃外殼堅硬的鴕鳥蛋時，會用鳥喙叼起石頭丟蛋，把蛋殼打碎再吃。
○ 58～70cm ○西亞、印度、地中海沿岸、非洲 ○動物屍骸、蛋

黑猩猩

黑猩猩是與人類最相近的動物，目前已知牠們在野地生活也懂得使用各種工具。

◻ 63.5～92.5cm ◻ 非洲中部
◻ 果實、葉子、樹液、昆蟲、小動物、猿猴

釣白蟻

黑猩猩會把草等植物的莖插進白蟻的蟻穴裡，釣起咬住莖端的白蟻吃。在不同棲息地有不同的方式，住在剛果的黑猩猩會使用硬棍子在蟻穴打洞，再用細棍子釣白蟻，懂得使用兩種工具。

使用線籤

住在東非坦尚尼亞的黑猩猩，只要鼻子塞住，就會用草葉做成「線籤」塞進鼻子裡，讓自己打噴嚏。

Q 與人類最相近的動物是黑猩猩嗎？

A 人類與黑猩猩是十分相近的物種，科學家甚至認為兩者有共同的祖先，直到距今約 490 萬年前才分開。有研究指出黑猩猩的基因與人類有 98.7% 相同。黑猩猩的智商很高，懂得使用木棒和石頭等工具；即使是相同的工具，在不同棲息地的使用方式也不同。另外也流行使用工具。

用石頭敲碎

棲息在西非幾內亞波索村森林裡的黑猩猩，懂得把油棕的種子放在平坦的石頭上，拿石頭敲破食用。

新喀里多尼亞鴉
只棲息在太平洋上的新喀里多尼亞島，是當地的固有種。天生懂得製作工具取得食物。
■ 40～43cm ■新喀里多尼亞島
■昆蟲、果實

釣蛞蝓
用鳥喙咬下有鋸齒葉緣的林投樹葉當作工具，再利用葉子的鋸齒把鳥喙搆不到的蛞蝓鉤出來抓住。

Q 怎麼會懂得使用工具？

A 有一種說法認為，因為新喀里多尼亞島上沒有啄木鳥，天牛的幼蟲在這裡沒有天敵，所以新喀里多尼亞鴉絞盡腦汁想盡辦法，不惜使用工具也要吃到天牛的幼蟲。

釣天牛的幼蟲
拿樹枝當工具，讓躲在樹幹深處的天牛幼蟲咬住樹枝頂端，把牠釣出來。

婆羅洲人猿（紅毛猩猩）
會把葉子放在頭上，當作斗笠遮雨。牠們也跟黑猩猩一樣，懂得使用工具釣白蟻。
■ 1.5m ■婆羅洲 ■果實、葉子、昆蟲

達成驚人的演化

加拉巴哥群島的生物

上田博士告訴你！

加拉巴哥群島位在赤道正下方的太平洋海面上，是與世隔絕的孤島，島上的多數生物只有這裡才有，而且以自己的方式演化。這些生物，對於包括演化論之父達爾文在內的諸多學者來說，是解開演化之謎的重要提示。因此加拉巴哥群島也被稱為「演化實驗室」，現在仍是演化論研究的最前線。

加拉巴哥群島
（厄瓜多）

哥斯大黎加
巴拿馬
加拉巴哥群島
哥倫比亞
厄瓜多

位在南美洲厄瓜多西側約 1000km 的太平洋上，是火山群島，由十三個大島與一百個以上的小島和礁岩所構成，從來不曾與南美洲大陸相連。加拉巴哥群島就位在赤道正下方，附近的海域有低溫的洋流（秘魯涼流）通過，因此年平均氣溫是 23.7℃，氣候不是太熱。

海鬣蜥
住在海邊的鬣蜥。擅長潛水，會用扁平的尾巴游泳，吃附著在岩壁的海藻。
■ 1～1.5m ■加拉巴哥群島大多數的島上
■海藻等

Q 鬣蜥為什麼出現在海裡？

A 為了吃海裡的海藻。科學家認為原本生活在陸地上的鬣蜥，來到加拉巴哥群島與南美洲大陸之間、目前已經不存在的火山島上，為了取得食物而潛入海中。牠們的子孫後來繼續在現在的加拉巴哥群島上生活。

陸鬣蜥
不同島上的外型和顏色皆不同。主食是仙人掌，尤其喜歡吃花。
◻ 80～130cm ◻伊莎貝拉島（加拉巴哥群島的）、聖克魯斯島等 ◻仙人掌、昆蟲、螃蟹等

加拉巴哥環企鵝
世界上唯一一種住在熱帶地區的企鵝。群島的海裡有低溫洋流（秘魯涼流）經過，因此牠們能夠在這裡生活。
◻ 48～53cm ◻費爾南迪納島（加拉巴哥群島的）、伊莎貝拉島等 ◻魚類等

加拉巴哥海獅
只分布在加拉巴哥群島海域的當地固有種。與加州海獅相近，但體型略小。
◻ 1.5～2.5m ◻加拉巴哥群島大多數的島上 ◻魚類、甲殼類等

加拉巴哥鸕鶿
只有加拉巴哥群島才有的鸕鶿。翅膀很短，不會飛，但是很擅長游泳。
◻ 89～110cm ◻費爾南迪納島（加拉巴高群島的）、伊莎貝拉島等 ◻魚類、章魚等

達氏蝙蝠魚

棲息在加拉巴哥群島與厄瓜多淺海的魚。使用魚鰭在海底步行移動。◯20cm ◯加拉巴哥群島與厄瓜多近海 ◯魚類、甲殼類

三斑嘲鶇

達爾文思考出演化論的靈感之一。不同小島上的顏色和花樣都有些不同。
◯25cm ◯伊莎貝拉島（加拉巴哥群島的）、聖克魯斯島等
◯昆蟲、鳥蛋等

加拉巴哥粉紅陸鬣蜥

二○○九年確定為新物種，分布在伊莎貝拉島的鬣蜥。只有大約兩百隻。
◯87～108cm ◯伊莎貝拉島（加拉巴哥群島的）◯植物的葉子和花

加拉巴哥蠅霸鶲

加拉巴哥群島幾乎所有區域都能看到的固有種小鳥。用長喙捕抓昆蟲來吃。
◯15～16cm ◯加拉巴哥群島大多數的島上 ◯昆蟲、植物種子等

加拉巴哥鵟

只棲息在加拉巴哥群島的固有種猛禽。吃鬣蜥和蜥蜴等維生，位在加拉巴哥群島生態圈食物鏈的頂端。
◯55cm ◯伊莎貝拉島（加拉巴哥群島的）、費爾南迪納島、聖克魯斯島等 ◯爬蟲類、昆蟲等

Q 為什麼加拉巴哥群島上有與眾不同的生物？

A 加拉巴哥群島是太平洋海底火山噴發形成的島嶼，從來不曾與其他大塊陸地相連，因此來到加拉巴哥群島的生物，有自己獨特的演化過程，且分化出在別處看不到的物種。

加拉巴哥象龜（黑象龜）

體重可達300kg，是世界最大的陸龜。曾經有15個物種，後來有幾種陸續絕跡。
◯ 80～130cm ◼ 加拉巴哥群島
◼ 草、仙人掌、多肉植物的葉子、果實等

Q 什麼是「演化」？

A 生物的身體構造和基因，在反覆的世代交替中產生變化，就稱為「演化」。地球環境不斷在改變，能夠適應這些改變的生物存活下來，產生出各式各樣的物種。蝌蚪變成青蛙叫「變態」，沒有跨世代，所以不能稱為演化。英國博物學家達爾文來到加拉巴哥群島時，看到各種在這裡才有的生物，因此得到「演化論」的靈感。

加拉巴哥象龜有這些不同的外型差異

半圓形　　　　　鞍形

生活在樹下多雜草的小島。這種加拉巴哥象龜因為頭朝下吃東西，所以龜殼的形狀是半圓形。

生活在低矮處少有食物的小島。這種加拉巴哥象龜會伸長脖子吃高處的食物，因此龜殼的脖子部分高高隆起，形成馬鞍的形狀。

達爾文雀的成員們

因為各島上的食物不同等原因，所以雀鳥產生不同演化。

勇地雀

吃植物種子等。鳥喙偏短。

仙人掌地雀

鳥喙偏長且彎曲。從仙人掌花挖出胚珠（後來變成種子的部分）食用。

啄木樹雀

鳥喙筆直，會以細樹枝當工具，挖出樹洞等的昆蟲幼蟲食用。

大嘴地雀

吃堅硬的種子等。鳥喙又大又結實。

粗心大意會沒命！

毒

👀上田博士告訴你！

植物、昆蟲、魚類、兩棲類、爬蟲類等生物多數都有毒。這些毒大致上可分為兩種，一種是像箭毒蛙和河豚那樣，身上有毒，避免被吃掉；另一種是像蜜蜂或蛇等那樣，靠著注入毒液癱瘓或殺掉對手。也就是說，一種是保護自己的毒，一種是當作武器的毒。

捕鳥蛛 vs. 箭毒蛙！

Q 箭毒蛙的毒有多危險？

A 箭毒蛙的毒強烈到足以讓大型動物身體麻痺，甚至是心跳停止。

Q 捕鳥蛛發動攻擊的話？

A 右邊照片是大型蜘蛛捕鳥蛛正在靠近箭毒蛙的場面。假如雙方真的打起來，就算捕鳥蛛的體型大上好幾倍，仍然會被箭毒蛙皮膚的毒液毒死。但是，捕鳥蛛知道箭毒蛙有毒，所以不會盲目攻擊對方。

迷彩箭毒蛙
一遭受攻擊，皮膚就會分泌毒液自保。箭毒蛙科的青蛙因為有毒，所以即使在天敵大量出沒的白天時間也能夠毫不在乎地自由行動。

⬤ 3.2～4.2cm ⬤ 尼加拉瓜東南部到哥倫比亞西北部 ⬤ 昆蟲等

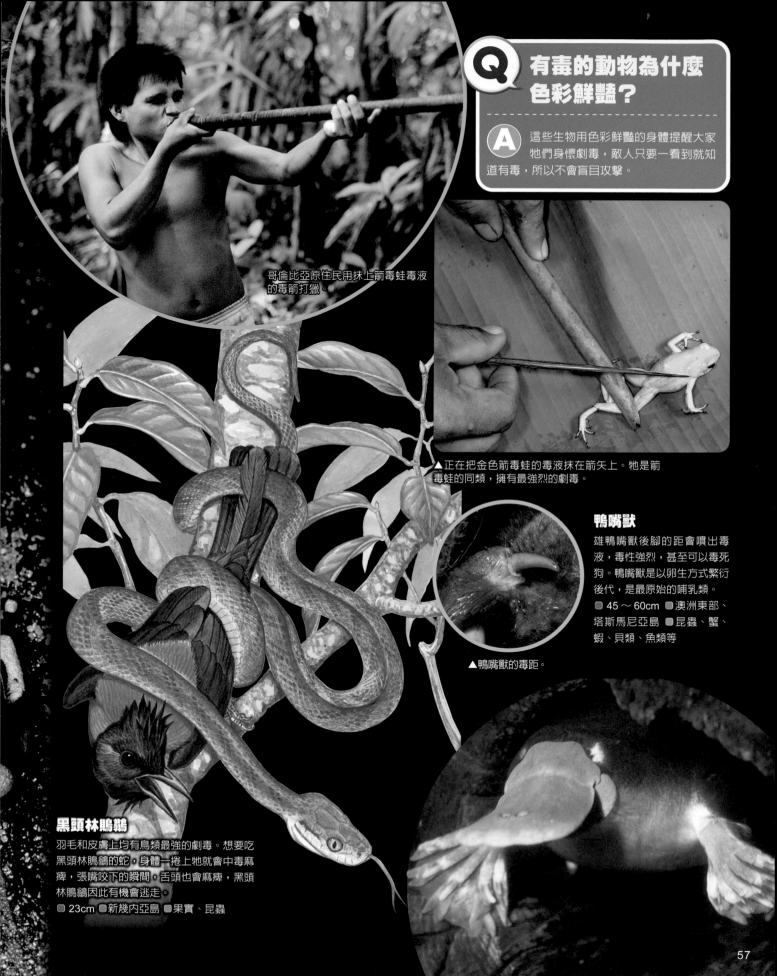

Q 有毒的動物為什麼色彩鮮豔？

A 這些生物用色彩鮮豔的身體提醒大家牠們身懷劇毒，敵人只要一看到就知道有毒，所以不會盲目攻擊。

哥倫比亞原住民用抹上箭毒蛙毒液的毒箭打獵。

▲正在把金色箭毒蛙的毒液抹在箭矢上。牠是箭毒蛙的同類，擁有最強烈的劇毒。

鴨嘴獸

雄鴨嘴獸後腳的距會噴出毒液，毒性強烈，甚至可以毒死狗。鴨嘴獸是以卵生方式繁衍後代，是最原始的哺乳類。
◻ 45～60cm ◻澳洲東部、塔斯馬尼亞島 ◻昆蟲、蟹、蝦、貝類、魚類等

▲鴨嘴獸的毒距。

黑頭林鵙鶲

羽毛和皮膚上均有鳥類最強的劇毒。想要吃黑頭林鵙鶲的蛇，身體一捲上牠就會中毒麻痺，張嘴咬下的瞬間，舌頭也會麻痺，黑頭林鵙鶲因此有機會逃走。
◻ 23cm ◻新幾內亞島 ◻果實、昆蟲

Q 為什麼噴出毒液？

A 遭受敵人攻擊時，眼鏡蛇會噴出毒液應戰。會噴毒液的眼鏡蛇，目前已知全世界約有十種左右。

莫三比克噴毒眼鏡蛇

用強而有力的肌肉擠壓毒腺，對準敵人的眼睛噴出毒液。有時毒液甚至可飛到 2m 以外。

◼1～1.5m ◼非洲東部到南部 ◼兩棲類、蛇和蜥蜴、小型哺乳類等

鈍尾毒蜥

擁有類似眼鏡蛇的劇毒，毒液儲存在下頜，一咬下獵物，就會把毒液注入傷口，使獵物癱瘓。另外，牠的咬合力道很強，咬住了就不會鬆口。

◼40～50cm ◼美國南部到墨西哥西北部 ◼鳥類、鳥蛋、小型哺乳類等

Q 箱形水母的毒性有多強？

A 一隻箱形水母的毒足以殺死超過六十人。人類碰到箱形水母，就會因為劇痛而休克死亡；同時被大量箱形水母螫到的話，四分鐘之內就會喪命。即使沒死，據說也會持續疼痛一週。

箱形水母

全世界毒性最強的水母。觸手上有帶毒的刺絲胞，人只要一碰到就會因為太痛而休克死亡。
□約 3m □印度洋南部到澳洲西海岸 □魚類、浮游生物等

鹿角肉座殼菌（火焰茸）

有劇毒的蕈菇，只要碰到，皮膚就會潰爛；吃下去會出現腹痛、嘔吐、腹瀉等症狀，甚至有死亡的例子。
□ 10cm □日本、中國、爪哇島等

命在旦夕的水紋尖鼻魨

平常的水紋尖鼻魨

水紋尖鼻魨

河豚的同類，皮膚和內臟有毒，一遇到敵人攻擊就會膨脹，從皮膚分泌毒液，保護自己。人類吃了會死亡，因此在日本稱為「北枕＊」。
□ 17cm □印度洋、西太平洋 □藻類、貝類、小動物

*注：「北枕」在日本有死人的意思，因為日本人習慣讓過世的人頭朝北方躺著。

藍紋章魚

唾液中含有與河豚同樣的「河魨毒素」劇毒，獵物被咬到就會麻痺。人類如果被咬到，有死亡的危險。
□約 12cm □西太平洋到印度洋 □魚類、小動物等

生物們的密技！

忍術

👀 上田博士告訴你！

忍者驚人的密技包括攀登垂直的牆壁、利用煙霧施展隱身術、在水面上走路等。大自然中也有許多生物，具有忍者也要甘拜下風的驚人技藝。這裡將介紹幾招生物界忍者們施展的絕技。

雙脊冠蜥

遇到危險時，就會以後腳站立，在水面上奔跑。速度大約是每秒鐘 20 步。
◻ 75～90cm ◼ 中美洲 ◼ 昆蟲、蛇、蜥蜴等

Q 為什麼能夠在水面上奔跑？

A 在腳還沒有沉入水裡之前，已經踏出下一步，反覆以驚人的速度跨步，因此牠能夠在水面上奔跑。再加上後腳的腳趾有皮瓣，碰到水就會張開，擴大腳的面積，所以也就不容易沉入水裡。但也只有體重較輕的幼年期能夠在水面上奔跑。

在水面上奔跑的腳

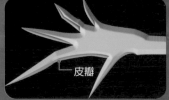
皮瓣

◀ 後腳每根腳趾都有皮瓣，遇水會張開。

輕功水上飄！

Q 什麼時候會變身？

A 多數六線天堂鳥屬的鳥類，雄鳥要像雌鳥求偶時，會張開飾羽，變成與平常不同的樣子。

乍看之下是很普通的鳥……

忍術！變身！

西方六線天堂鳥
棲息在新幾內亞島的六線天堂鳥同類。雄鳥向雌鳥求愛時會把前胸和肩膀的羽毛張開，變成裙子的造型。
◯ 26cm ◯ 新幾內亞島
◯ 果實、昆蟲等

忍術！寄生！

長印魚

第一背鰭變形成吸盤，能夠吸附在其他東西上。從身體還小的時候，就吸附在大型魚類或海豚等身上生活。與黑鱈魚同樣是鱸形目的成員。

■ 1m ■ 全球各地的溫暖海域（太平洋東部與大西洋東北部除外）■ 小魚、蝦蟹、烏賊等

Q 為什麼會寄生在海豚身上？

A 吸附在海豚等大型動物、海龜、魚類等身上，就能夠撿拾掉落的食物、糞便等，而且遇到危險時也有保護，又能輕鬆移動不費力。不過，海豚很討厭長印魚黏在自己身上，所以經常跳起來想要把牠甩掉。

Q 如何吸附在其他動物身上？

A 吸盤上有兩排鰭瓣，平常鰭瓣是往後倒，吸附時，這些鰭瓣就會豎起產生縫隙，縫隙之間的水壓比外側小，因此能夠吸在其他東西上。另外，吸附對象游得愈快，長印魚就會往後飛，所以鰭瓣會豎得更直，更進一步增強吸力，也因此被吸附的對象即使游得再快，長印魚也不會脫落。

從上方俯瞰

吸盤

放大後，從側面看

鰭瓣豎起

鰭瓣

這個縫隙的水壓降低，就能夠牢牢吸住。

海豚等的其他動物

忍術！鑽地！

巨型南極章魚
住在沙地的章魚，平常躲在沙地裡，只露出眼睛，這樣躲著不僅很安全，不易被敵人發現，也方便伏擊獵物，不使獵物察覺。
■ 50cm ■大西洋北部、地中海
■甲殼類、魚類

Q 為什麼要裝死？

A 遭受天敵郊狼襲擊時會裝死，目的是為了趁對方不注意時逃走。

忍術！攀岩！

大壁虎
守宮、壁虎的同類腳底密密麻麻長著像毛一樣、肉眼看不見的蛋白質纖維，這些纖維可以插入牆壁、玻璃表面，使牠們爬上垂直的牆面也不會掉下來。
■ 25～35cm ■東南亞 ■昆蟲等

北美負鼠
棲息在北美的有袋類動物。受到驚嚇就會倒地裝死，演技很逼真。
■ 35～55cm ■北美洲
■昆蟲、小動物、果實等

忍術！裝死！

忍術！渾身是刺！

被南非豪豬長刺刺中的狐獴。

南非豪豬
敵人一靠近，由毛變形而來、長度達 30cm 的長刺就會倒豎，用來威嚇對方。牠的長刺相當尖銳，連獅子也不敢對牠出手。
■ 71～84cm ■非洲南部 ■植物等

生物們獨特的育兒方式

野外育兒法

上田博士告訴你!

生產延續後代避免絕種,對生物而言是最重要的任務!問題是,自然界中,天敵總是對幼年期生物蠢蠢欲動,一旦粗心大意就會被吃掉,所以生物們想方設法把孩子養大。其中有些生物的育兒方式甚至奇特到驚人。

後頜魚

雄魚嘴裡是孵化前的魚卵。雌魚會在雄魚口中產卵,由雄魚負責養育。
■ 20cm ■加勒比海 ■浮游生物

Q 為什麼在嘴裡育兒?

A 在產下魚卵後,通常就會被敵人吃掉。因此有部分魚類為了避免卵被吃掉,會把卵放入嘴裡直到孵化,這稱為「口孵繁殖」。銜著魚卵的魚在孵化前都不能進食。此外,有些魚在魚卵孵化後,仍繼續把幼魚留在嘴裡保護。

Q 為什麼是爸爸產子？

A 雌海馬會在雄海馬腹部的「育兒囊」裡產卵，雄海馬育兒囊裡的卵孵化後，稚魚就會離開囊袋，因此看起來像是爸爸生小孩。

直立海馬

海馬之一。照片上是孵化的稚魚從雄海馬腹部的育兒囊大量噴出的瞬間。

☐ 19cm ● 大西洋西岸 ● 浮游生物

球囊蛙
卵在雌蛙背上的育兒袋裡孵化成幼蛙，就會離開育兒袋。
◯ 6～10cm ◯委內瑞拉北部
◯昆蟲、兩棲類等

Q 為什麼幼蛙會從背上跑出來？

A 球囊蛙等囊蛙屬的蛙類，雌蛙產卵後，雄蛙就會把卵塞進雌蛙背上的育兒袋中，讓蛙卵在袋內成長孵化。有些蛙種之後會變成蝌蚪，釋放到水中，有些蛙種則是在袋內待到長成幼蛙，還有些蛙種沒有蝌蚪的時期，會直接變成幼蛙。

Q 鱷魚是爬蟲類，也懂得育兒？

A 多數爬蟲類動物不養小孩，但鱷魚卻會在陸地上用落葉和枯草等植物和土壤築巢產卵。鱷魚卵的性別是由植物腐爛時產生的熱決定，雌鱷魚在性別分化完成的大約兩個月期間，會一直守在巢旁邊。有些鱷魚在卵孵化後，就會像照片中那樣，把小鱷魚放在嘴裡帶著走。

寬吻凱門鱷
把卵孵化的小鱷魚放入嘴裡，送到有水的地方。
◯ 2～3m ◯南美洲東南部 ◯貝類、魚類、鳥類等

幼蛙長大後，離開雌蛙背上的育兒袋。

大杜鵑
大杜鵑幾乎不親自育兒，都是把蛋產在其他鳥的鳥巢裡，讓牠們替牠養小孩。照片中是東方大葦鶯在餵養大杜鵑的雛鳥。
◯30cm ◯日本、歐亞大陸、東南亞、非洲 ◯昆蟲

汙斑頭鯊
魚卵裝在約12cm長、類似膠囊的外殼裡。需要將近一年的時間孵化。
◯80cm ◯日本北海道南部到東海、臺灣、紐西蘭 ◯魚類

汙斑頭鯊的卵
卵有堅硬的外殼包覆，像細繩的部分會牢牢依附在岩石等。

冠鸊鷉
冠鸊鷉等鸊鷉同類的雛鳥，會待在父母親背上，直到能夠自行游水為止。◯46～61cm ◯日本、歐亞大陸、非洲、澳洲、紐西蘭 ◯魚類

一擊必殺！

放電生物

👀上田博士告訴你！

有些魚的體內有放電器官，能夠生電。當中又屬電鰻最有名，牠的強力電擊足以電死大型動物。另外在熱帶和亞熱帶地區也有會放出弱電的淡水魚。據說牠們會用電找尋獵物，或是像雷達一樣探測環境，甚至是與同類夥伴溝通。

Q 電鰻為什麼會放電？

A 電鰻棲息在非常混濁的水裡，很難靠視力找到、捕捉獵物，所以牠會放出弱電找尋獵物，一找到就放出強電麻痺並抓住對方。

電鰻

體內有上千個稱為放電體的細胞，同時放電的話，最高可製造 800 伏特的強大電壓。如果一不小心碰到牠的身體，就算是大鱷魚也會被電死。

◯ 1.8m ◯南美洲的亞馬遜河、奧利諾科河流域
◯魚類、小型哺乳類

照片提供：新江之島水族館

日本神奈川縣的新江之島水族館一到
歡慶耶誕的季節，就會利用電鰻放電
的電力點亮LED燈，表演燈光秀。

Q 電鰻為什麼不會觸電？

A 目前還不清楚原因，不過有一種說法認為，是因
為牠放電體四周的細胞不易導電，所以不會電到
自己。

加州電鱝
頭部有放電器官，能夠對沙子放出約 50 伏特的電
力，電暈蝦蟹等再吃掉。 □ 1.4m □北美洲西海岸
□底棲生物中的小動物

彼氏錐頷象鼻魚
長長的下頷很像大象的鼻子，這裡會釋放微弱的電力，用
來找出躲在水底的小動物覓食。

● 35cm ■ 非洲的尼日河、剛果河流域 ■底棲生物中的小
動物

面對危險

威嚇

👀 上田博士告訴你！

威嚇的舉動是在告訴對手「我要攻擊你囉！」目的在嚇阻趕跑對方。無論是多麼強悍的生物，只要打起來身體都會受傷，所以很希望用威嚇就能夠避免危險。張開手臂或翅膀讓自己的體型變大，或是突然變成怪異的模樣，都是基本的威嚇方法。

南美小食蟻獸

正在吃白蟻時突然受到驚嚇，因此牠直立起來，擺出威嚇姿勢。

⬤ 47～77cm ⬤南美洲北部 ⬤白蟻

平常的南美小食蟻獸

Q 什麼時候會用後腳直立？

A 在地面上移動時，一遇到美洲豹等天敵，小食蟻獸就會以後腳直立威嚇。這種時候牠會張開有尖銳爪子的前腳擺出準備姿勢，如果敵人沒有因此退縮，牠就會以爪子攻擊。

孔雀樹螽

二〇〇六年在南美洲蓋亞那發現的螽斯同類。只要敵人一靠近，牠就會張開翅膀威嚇。

■ 4.5～6.5cm ■南美洲北部 ■植物的葉子

Q 張開翅膀有什麼效果？

A 科學家認為，牠張開翅膀就會露出類似大眼睛的花紋，能夠嚇退敵人。如果對方還是不逃走，牠就會飛撲上去，讓對手以為遭到大鳥攻擊。

鬼王棘螽

大大張開滿是棘刺的腳，嚇退靠近的天敵。

■ 7.5cm ■厄瓜多 ■昆蟲

中美洲粗帶變色蜥

棲息在樹上的蜥蜴。臉頰的圓圈是牠的特徵。 ■30cm ■中美洲 ■昆蟲

Q 為什麼喉嚨會膨脹鼓起？

A 遇到危險或有其他雄蜥侵入地盤時，就會展開喉嚨的皺褶膨脹鼓起，警告對方「不准繼續靠近」。

大角鴞
在南、北美洲森林裡常見的大型貓頭鷹類。獵食鳥類和兔子維生。■43～53cm ■南、北美洲 ■鳥類、哺乳類

Q 這個姿勢有什麼意義？

A 還不太會飛的大角鴞幼鳥，會對靠近的東西展開翅膀成扇狀，把身體變大威嚇對方，警告對方：「不准繼續靠近！」

平常的大角鴞

A 紅袋子是鼻孔的黏膜，能夠鼓起來的只有雄海豹。到了繁殖季節，雄海豹們要搶雌海豹時，就會朝鼻孔黏膜裡灌風、鼓得像氣球一樣互相威嚇。也因為這樣，雄海豹能夠在不受傷的情況下分出勝負。

冠海豹
主要棲息在北極海的海豹。雄海豹鼻子呈現袋狀，能夠像氣球一樣鼓起。 ◼ 2.5m（雄）、2.2m（雌）◼北美洲東岸、歐洲西岸 ◼魚類、烏賊、蝦

斜紋藍舌蜥
遇到危險時，會露出藍色舌頭嚇退對手。
◼ 40～60cm ◼澳洲北部到東部 ◼植物、昆蟲、小型哺乳類

庫氏副睫螳
直立起來張開身體威嚇對手。
◼約7cm ◼馬來半島、婆羅洲 ◼昆蟲

擅長模仿的生物們

擬態

👀 上田博士告訴你！

在生物的世界裡，有許多模仿高手的模仿技能格外驚人，能夠模仿身形、顏色、花紋與自己截然不同的生物，或是配合環境假裝成岩石等，這種行為稱為擬態。擬態的目的幾乎都是為了自保，不過當中也有些生物假裝成四周環境是為了打獵。最近科學家們有了驚人的發現，他們發現連植物也會擬態。

基本形

擬態章魚

一九九八年在印尼海域發現的章魚。牠會變換顏色，張開或收起觸手，假裝成各種生物，用來自保。
⬤約 60cm ⬤印尼 ⬤甲殼類、魚類等

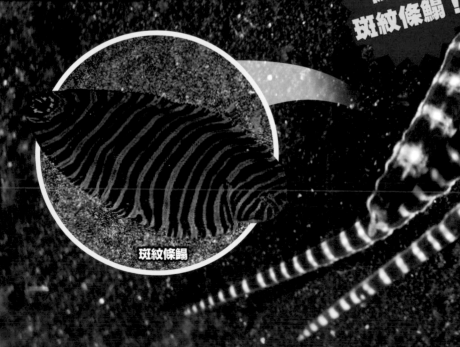

偽裝成斑紋條鰻！

斑紋條鰻

偽裝成
海星！

海星

偽裝成
蝦蛄！

蝦蛄

偽裝成
獅子魚！

獅子魚

有毒嗎？

無毒

偽裝成珊瑚蛇

毒

珊瑚蛇

牛奶蛇
顏色與花紋很類似劇毒的珊瑚蛇，但牠其實沒有毒，是很乖的蛇。牛奶蛇的名字是因為牠經常出現在牛棚裡，人們誤以為牠愛喝牛奶，因而得名。◼1～1.3m ◼墨西哥 ◼蛇、蜥蜴、鳥類、小型哺乳類等

Q 為什麼要偽裝成有毒的生物？

A 靠眼睛找尋獵物的鳥類或蜥蜴等，記得有毒生物的外型、顏色和花紋，絕對不會吃牠們，因此無毒生物假裝成有毒生物，就能夠減少被吃掉的風險，安全存活下來。

無毒

中華虎天牛
正在偽裝是胡蜂。動作快速，甚至飛行方式和振翅聲都與胡蜂相似。◼1.7～2.6cm ◼日本北海道到九州、奄美大島、沖繩島、宮古島 ◼植物

偽裝成胡蜂

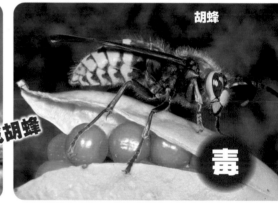

胡蜂

毒

花也會擬態！

▼雄花蜂來了。

蜂蘭
花的顏色和外型偽裝成雌花蜂，讓靠過來想交配的雄花蜂幫忙運送花粉。花的氣味也類似雌花蜂吸引雄花蜂的味道。
◼歐洲

想要當螞蟻？

蟻蛛
看起來與螞蟻類似，是蠅虎（跳蛛）的同類。
■ 5.8～8mm ■日本北海道到九州 ■昆蟲

Q 為什麼要偽裝成螞蟻？

A 螞蟻通常是成群結隊擊退敵人，有的物種甚至具有毒針，是很強大的昆蟲，因此有些生物會假裝成螞蟻的外型，避免敵人鎖定。另外還有一說，認為這樣可以避免被螞蟻吃掉。

花螳螂
生活在熱帶的螳螂幼蟲多半會偽裝成螞蟻。
■ 2mm（幼蟲） ■馬來西亞
■昆蟲

這不是樹葉嗎？

枯葉螽斯的同類
生活在亞馬遜熱帶雨林的螽斯科昆蟲之一。不動也不動的假裝成枯葉。
□約 5cm □厄瓜多 □植物、昆蟲

角葉尾虎
尾巴扁平，模樣類似枯葉。
生活在矮樹下。
■ 7～10cm ■馬達加斯加
島東部 ■昆蟲

透明生物

上田博士告訴你！

變成透明、可透視的身體，就是最終極的偽裝。舉例來說，身體顏色類似枯葉，待在綠葉上反而醒目，但如果身體是透明的，不管待在哪裡都很低調。再者，透明身體的影子也不明顯，所以更不容易被敵人發現。

Q 青蛙為什麼是透明的？

A 這種青蛙棲息的熱帶雨林裡有許多種類的植物，葉子顏色也形形色色，各有不同。如果身體是透明的，不管待在哪種顏色的葉子上都不醒目，也就不容易被天敵發現。

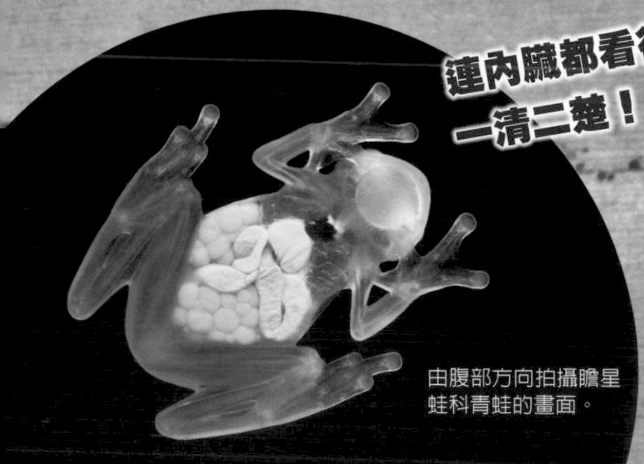

連內臟都看得一清二楚！

由腹部方向拍攝瞻星蛙科青蛙的畫面。

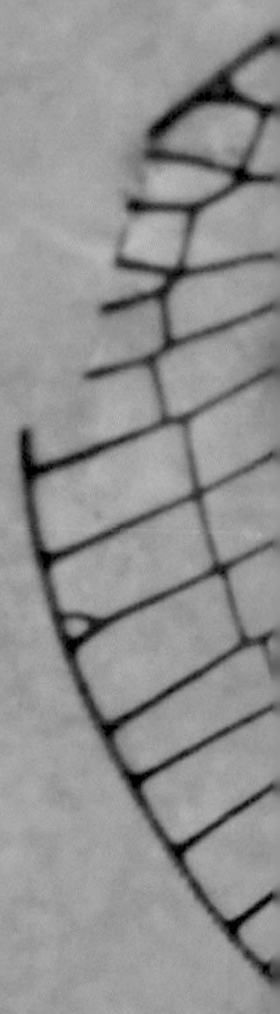

玻璃蛙

僅背上有淺綠色的花紋，身體幾乎是透明，甚至能夠清楚看到內臟。
約2.5cm 中美洲 昆蟲

為什麼身體變成透明？

A 科學家認為，是身體有顏色的生物之中，偶然誕生了透明身體的後代。因為牠不易被敵人發現，反而比有顏色的生物更容易存活，以及繁衍後代。

甜菜龜金花蟲

甲蟲的同類。四片翅膀的上面兩片變硬，邊緣變透明。

☐ 8mm ☐ 中美洲、南美洲 ☐ 植物的葉子

蠟蟬總科的昆蟲

吸食植物汁液、外型類似蟬的昆蟲。翅膀透明，身體則是半透明的綠色。

☐ 新幾內亞島 ☐ 植物汁液

平常是
天使

勇氏珊瑚蝦虎

主要是與珊瑚類的蘆莖珊瑚（海鞭）共生。與身體透明的蝦虎是同類。

◻ 3cm ◻太平洋、印度洋 ◻浮游動物

捕食時是
惡魔

裸海蝶

別名「海天使」，是海若螺科的成員之一。除了內臟之外，身體是透明的。在海裡游泳時，一發現蝴蝶螺等貝類，就會從頭部伸出觸手捕食。

◻ 1～4cm ◻北極、南極圈的冰冷海域 ◻貝類

日本龍蝦

日本龍蝦在稱為「葉狀幼體」的幼生時期全身透明，在海中漂流，吃浮游生物長大。經過「蝦形幼體」階段，變成龍蝦幼苗之後，身體才有顏色。

◻ 3cm（幼體） ◻日本房總半島以南的太平洋、東海、朝鮮半島南岸 ◻貝類、海膽等

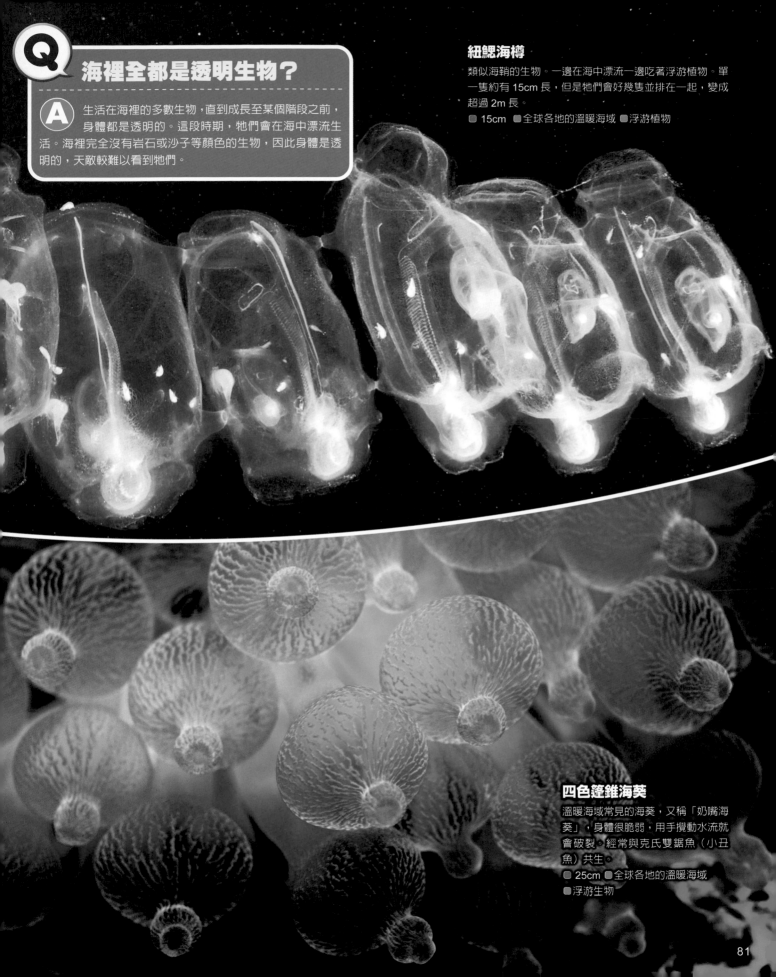

Q 海裡全都是透明生物？

A 生活在海裡的多數生物，直到成長至某個階段之前，身體都是透明的。這段時期，牠們會在海中漂流生活。海裡完全沒有岩石或沙子等顏色的生物，因此身體是透明的，天敵較難以看到牠們。

紐鰓海樽

類似海鞘的生物。一邊在海中漂流一邊吃著浮游植物。單一隻約有 15cm 長，但是牠們會好幾隻並排在一起，變成超過 2m 長。

■ 15cm ■全球各地的溫暖海域 ■浮游植物

四色篷錐海葵

溫暖海域常見的海葵，又稱「奶嘴海葵」，身體很脆弱，用手攪動水流就會破裂。經常與克氏雙鋸魚（小丑魚）共生。

■ 25cm ■全球各地的溫暖海域 ■浮游生物

在無光的神祕世界

深海生物

上田博士告訴你！

深海是指水深超過200m的海洋深處，占地球所有海洋大約95%。因為光照不到這裡，所以一片漆黑，而且水壓很高，足以壓碎一切，是難以生活的世界，我們原本以為那種地方不會有生物存在，但是最近幾年利用高性能潛水調查船前往深海進行調查後，才發現那裡有許多超乎想像的驚人生物。

大王魷

棲息在水深650～900m區域的世界最大烏賊。眼睛的直徑就有30cm，在所有生物之中也屬於體型最大，對於一點微光也能夠產生反應。據說十九世紀時，曾經發現全長18m的大王魷。

▢4.5m（全長） ▢除了北極、南極以外的全球各地海域 ▢魚類、烏賊等

抹香鯨

世界最大的齒鯨，獵食時甚至會下潛到深度2000m左右的海底。查看牠胃裡的內容物，曾經找到被牠吃下的大王魷下頷。

▢19m（雄）、12m（雌） ▢全球各地的海域 ▢烏賊、魚類

Q 大王魷為什麼長這麼大？

A 科學家認為，體型愈大就愈不容易被抹香鯨吃掉，所以牠們才變得這麼巨大。

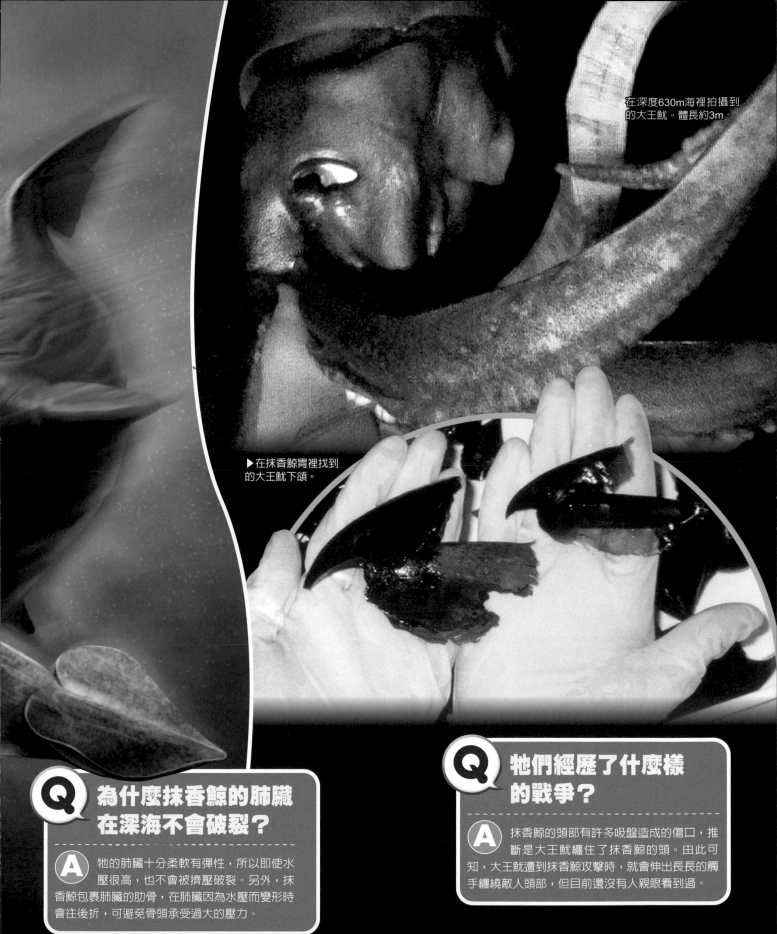

在深度630m海裡拍攝到的大王魷。體長約3m。

▶在抹香鯨胃裡找到的大王魷下頜。

為什麼抹香鯨的肺臟在深海不會破裂？

A 牠的肺臟十分柔軟有彈性，所以即使水壓很高，也不會被擠壓破裂。另外，抹香鯨包裹肺臟的肋骨，在肺臟因為水壓而變形時會往後折，可避免骨頭承受過大的壓力。

Q 牠們經歷了什麼樣的戰爭？

A 抹香鯨的頭部有許多吸盤造成的傷口，推斷是大王魷纏住了抹香鯨的頭。由此可知，大王魷遭到抹香鯨攻擊時，就會伸出長長的觸手纏繞敵人頭部，但目前還沒有人親眼看到過。

歐氏尖吻鯊

出沒在日本的相模灣、駿河灣等水深1000m左右的海裡。下巴突出，以尖銳的牙齒攻擊獵物。

■ 3.3m ■日本的相模灣、駿河灣、熊野灘、葡萄牙等 ■底棲生物中的小動物

Q 為什麼巨口鯊稱為夢幻鯊魚？

A 鮮少有人捕獲或親眼看到牠，人類也不了解牠的生態詳情，因此稱為「夢幻鯊魚」。截至二〇一八年十二月為止，全世界捕獲的巨口鯊數量是135隻，日本有23隻的紀錄。儘管牠活著的模樣很少被拍到，不過二〇二〇年在日本千葉縣館山近海有人看到活著的巨口鯊。

＊注：臺灣於二〇一七年、二〇一九年、二〇二一年都有捕獲巨口鯊的紀錄。農委會於二〇二〇年十一月十日公告修正並實施「大白鯊、象鮫及巨口鯊漁獲管制措施」，將這三個魚種列入禁捕。

巨口鯊

嘴巴又大又鼓，把浮游生物連同海水一起吸入肚子，再過濾食用。牙齒十分細小，只有幾公釐長，像銼刀一樣。一般認為牠棲息在深度約200m的海裡。

■ 4.4m ■日本的靜岡縣、三重縣、福岡縣、印度洋、太平洋 ■浮游生物

象鯊（澳洲鬼鯊）

與本頁介紹的鯊魚們有些不同，牠是銀鮫目的生物，棲息在深度約250m的海底。嘴巴前端有類似象鼻的突起，可以插進泥裡挖出貝類和甲殼類吃。

■ 1.2m ■澳洲、紐西蘭近海 ■底棲生物中的小動物

A 深海的食物很少，對於生存在這裡的生物來說，是很嚴峻的環境。但是只要適應深海的環境，這裡沒有其他競爭對手，也就不需要與其他生物搶食，深海鯊魚們也因此能夠安心住在深海裡。

格陵蘭鯊

左邊照片是格陵蘭鯊。牠雖然是住在深海的鯊魚，但在寒冷海域時，也會來到海面附近覓食。因為游泳很慢而聞名。

■7m ■北極海、北大西洋
■魚類、烏賊和章魚、螃蟹

灰六鰓鯊

右邊照片是灰六鰓鯊。也會出現在深度 2000m 左右的深海。身上有六對鰓孔，因此被認為是原始鯊魚的一種。

■6m ■全球各地的深海 ■魚類、甲殼類、烏賊等

Q 如何在深海進行調查？

A 通常是科學家們搭上右側的「深海6500」等潛水調查船，或是派遣無人探測器前往調查。

載人潛水調查船「深海6500」

這是日本開發的潛水調查船，能夠載人下潛至6500m的深度，載著駕駛員和研究者共計三人進行調查。

寬咽魚

左邊照片是寬咽魚。嘴巴幾乎占了整個頭，而且像口袋一樣寬。棲息在水深500～3000m附近。

■ 7.5cm ■ 全球各地的溫帶、熱帶海域 ■ 魚類、蝦蟹、浮游生物

Q 為什麼牠們在高水壓環境也能生存？

A 一般魚類身上有調節浮力的氣囊，稱為「魚鰾」，一來到高壓的深海裡，魚鰾就會受到擠壓而破裂。但是，深海魚類的魚鰾裡裝的不是氣體，而是油等，因此不會破裂。另外，牠們的細胞也是由能夠耐受強大壓力的蛋白質所構成。

穴口奇棘魚

從下巴伸出的長繩末端會發光，可以吸引獵物靠近。生活在深度400～1000m的海裡。

■ 50cm（雌）、8cm（雄）
■ 北太平洋 ■ 小型生物

住在深海的生物為什麼外型奇特？

A 深海是一片漆黑且食物很少的地方，為了要在那裡活下去，生物的身體演化成能夠配合此一特殊環境，有的嘴巴長得特別大，才能夠確實抓到為數不多的獵物，或者是擁有長度驚人的感覺器官，方便在黑暗中搜尋獵物。

大王具足蟲

棲息在深度 200 ～ 2000m 的海底，是世界最大的等足目生物。一般認為牠是攝食沉到海底的魚類和鯨魚等屍骸維生。

◼ 40cm ◼大西洋、墨西哥灣、印度洋◼魚類和鯨魚等的屍骸

角高體金眼鯛

幼魚頭上有類似惡魔角的長棘，因此在日本稱為鬼金眼鯛。長棘在成魚後會消失。臉上和身上的條紋是很優秀的感覺器官。

◼ 18cm（全長）　◼太平洋、大西洋等　◼小型生物

皇帶魚

上方照片是皇帶魚。平常生活在深度 200 ～ 1000m 的海裡，偶爾也會出現在淺海，引起話題。最大有將近 10m 長，是硬骨魚類中最大的物種。◼ 5.5m ◼太平洋、印度洋　◼浮游生物

隱巧戎

與蝦蟹同屬甲殼類。獵食燧海樽科、紐鰓樽科、水母等凝膠狀生物維生。雌體會吃掉紐鰓樽的肉之後鑽進體內，在牠的外皮裡築巢產卵。

◼ 3cm ◼太平洋、大西洋　◼水母等

大嘴海鞘

從類似大嘴的入水孔吸進海水，過濾出浮游動物來吃。生活在水深約 300 ～ 1000m 的海底。

◼ 15 ～ 25cm ◼日本近海、加州近海、南極◼浮游生物

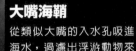

在無光的深海裡有食物嗎？

A 因為陽光照不到深海，所以浮游植物在這裡無法存活，是極度缺乏食物的世界。但是有生物糞便等形成的「深海雪（Marine snow）」和水母的屍骸等，都是珍貴的食物。

海洋最強王者爭奪戰

👀 上田博士告訴你！

海裡也有許多生物擁有驚人的能力。我們一起來看看這些要爭奪最強寶座的是哪些生物！

藍鯨

一般認為沒有生物能夠擊敗巨大的成年藍鯨。藍鯨的個性很溫馴，平常不會主動攻擊。

⬜ 25m（雄）、27m（雌）　⬜ 全球各地的海域　⬜ 磷蝦、浮游生物、魚類

Q 鯨魚和虎鯨，誰比較強？

A 有人認為世界最大的哺乳類生物藍鯨太大，被視為海中最強的虎鯨也無法擊倒牠，但虎鯨有可能攻擊獵食藍鯨之中身體虛弱、年老或體型較小的幼鯨。

大白鯊（食人鯊）

有攻擊性的鯊魚，經常發生攻擊人類的意外。牠會咬住海面附近游泳的海龜或海狗，把牠們拋上半空中，使牠們變虛弱後吃掉。

◗ 6.5m ◗全球各地的溫帶、熱帶海域 ◗大型魚類、海洋哺乳類、海龜

虎鯨

攻擊大型鯨魚時，虎鯨會成群結隊聯手進攻，輪流壓在鯨魚身上，阻止牠浮上海面換氣，讓牠窒息而死。

◗ 8m（雄）、7m（雌） ◗全球各地的海域 ◗海洋哺乳類、魚類、烏賊等

Q 鯊魚和虎鯨，誰比較強？

A 一般認為體型較大的虎鯨比較強。再者，虎鯨是群體行動，會幫助同伴打獵，因此就算大白鯊的攻擊性很強，一旦被虎鯨盯上也沒有勝算。

❖本頁介紹的是模擬平常人類很難在大自然目睹的生物對決場面。插畫內容是其中一個推想例子，並不表示這種情況真的會發生。這張插畫是虎鯨攻擊藍鯨，大白鯊嗅到血腥味現身的場景。多數場合如果太靠近也有被咬的危險，所以科學家認為大白鯊只會遠觀，不會盲目動口攻擊虎鯨。

黑夜獵人

上田博士告訴你！

因為白天活動容易被天敵發現，所以老鼠等小動物通常選在不易被看見的夜間活動。但是，牠們以為安全的夜晚，也有可怕的獵人在等著。即使在伸手不見五指的黑暗中，這些獵人也可憑借微小聲響，或利用超音波等特殊能力抓到獵物。

朝獵物急速降落！

倉鴞（草鴞）

翅膀羽毛有特殊構造，即使振翅也不會發出聲響，能夠在老鼠等獵物尚未察覺時，就抓住牠們。因為牠的臉像剖開的蘋果，所以在臺灣常暱稱牠為蘋果鳥。■ 29～44cm ■歐洲、非洲、東南亞、南北美洲■小型哺乳類

標示說明：■尺寸大小 ■棲息地 ■食物

Q 還有其他蜘蛛會用與眾不同的方式打獵嗎？

A 日本的六刺瘤腹蛛會散發出與雌蛾吸引雄蛾時同樣成分的氣味，誘使雄蛾靠近。雄蛾一靠近蜘蛛，牠就會像在拋繩索一樣，拋出一根前端有黏液的蜘蛛絲，纏繞抓住對方。

你已經逃不掉了

極限生物

尖銳的爪子

牠有 8 隻腳,腳尖有銳利的爪子。

👀上田博士告訴你!

通常生物無法在沒有氧氣的環境、高溫灼熱的環境存活,但是,卻有一些生物即使是那種環境,也能夠好好活著,不受影響。這裡將介紹那些驚人的生物。

變身成酒桶!

四周很乾燥時,體內的水分會逐漸減少,這時牠就會進入稱為「酒桶」的「乾眠狀態」,這樣就能夠熬過所有嚴峻環境。等到再度得到水分,牠就會恢復平常的模樣開始活動。

水熊蟲(緩步動物門生物)

一旦進入「乾眠」狀態,即使處於 150℃ 的高溫或零下 250℃ 的低溫環境,也能夠存活,不會死掉。多虧有這麼強韌的身體,從海拔 6000m 的高山到深度 150m 的海裡、南北極等所有環境,水熊蟲都能夠生存。全世界約有 1000 種水熊蟲,日本也有 100 種以上。不同種的水熊蟲,耐受程度也不同。

⬜ 0.15～0.5mm　⬛ 全球各地
藻類、輪蟲、線蟲等

臉長得像機器人

圓形的部分是嘴巴,嘴巴裡有一對尖針般的牙齒,這對尖牙能夠伸縮,刺進獵物的細胞裡吸取汁液。

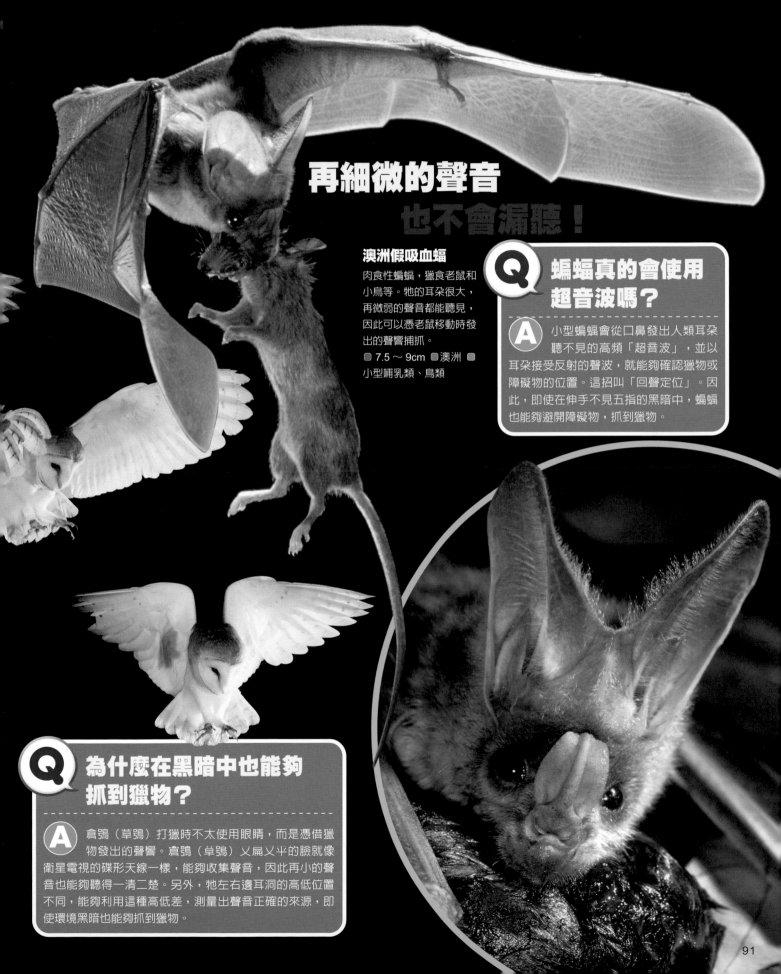

再細微的聲音
也不會漏聽！

澳洲假吸血蝠

肉食性蝙蝠，獵食老鼠和小鳥等。牠的耳朵很大，再微弱的聲音都能聽見，因此可以憑老鼠移動時發出的聲響捕抓。

◼ 7.5 ～ 9cm ◼澳洲 ◼ 小型哺乳類、鳥類

Q 蝙蝠真的會使用超音波嗎？

A 小型蝙蝠會從口鼻發出人類耳朵聽不見的高頻「超音波」，並以耳朵接受反射的聲波，就能夠確認獵物或障礙物的位置。這招叫「回聲定位」。因此，即使在伸手不見五指的黑暗中，蝙蝠也能夠避開障礙物，抓到獵物。

Q 為什麼在黑暗中也能夠抓到獵物？

A 倉鴞（草鴞）打獵時不太使用眼睛，而是憑借獵物發出的聲響。倉鴞（草鴞）又扁又平的臉就像衛星電視的碟形天線一樣，能夠收集聲音，因此再小的聲音也能夠聽得一清二楚。另外，牠左右邊耳洞的高低位置不同，能夠利用這種高低差，測量出聲音正確的來源，即使環境黑暗也能夠抓到獵物。

鬼面蛛

這種蜘蛛的特徵是眼睛很大。有這麼大的眼睛，在黑暗中也能夠看得很清楚。另外，牠的兩顆眼睛並列在前方，所以能夠知道與獵物之間的正確距離。

◯ 1.5〜2.5cm ◼澳洲東部 ◼昆蟲

用網子套住！

Q 牠用什麼方式打獵？

A 牠會面朝下，停在略高的樹枝或草等上面，用前腳織出抓獵物用的四方形小網拿著，等到獵物靠近，就拋出網子罩住對方。

Q 在太空裡不會死掉嗎？

A 水熊蟲一進入乾眠狀態，即使極度高溫或低溫環境也能夠忍耐。而且牠耐真空、抗輻射，事實上甚至有些種的水熊蟲暴露在太空的真空紫外線 * 下，也不會死掉。

*真空紫外線（vacuum ultraviolet, VUV）是波長範圍10～200 nm的紫外線。平常陽光裡的VUV都被臭氧層吸收了，所以不會傷害到地球生物。

深海的綠洲!?
與深海熱泉共生!

*冷泉不是指冰水,而是與超過100℃的熱泉相比,溫度略低一些而已,多半還是比附近海水的溫度更高。

中洋脊無角盲蝦

眼睛變形成長在背上的一對白色細長感光器官,能夠捕捉從熱泉發出的隱約微光。
■6cm((全長) ■印度洋中洋脊(熱泉區噴口附近) ■細菌

柯氏潛鎧蝦

身體腰側的毛表面會附著在利用硫化氫等化學物質增生的細菌。牠靠吃這種細菌取得營養。 ■5cm(殼長)■日本沖繩與臺灣四周的熱泉噴口、冷泉 *噴口附近 ■細菌

赫氏擬阿文蟲

會在噴出超過100℃熱泉的海底煙囪(柱狀構造物)四周築巢生活,巢是白色洞窟狀。
■2.8cm(體長)、4mm(體寬)
■日本沖繩附近到馬里亞納群島近海、馬努斯海底盆地的熱泉噴口附近 ■不明

A 熱泉噴口是水經由地熱加熱後，從海底噴出的場所。這些熱水含有許多化學物質，有時溫度甚至超過 400℃。熱水中含有的部分礦物，會堆積成管柱狀的海底煙囪。冷泉噴口則在地殼互相碰撞的區域，含化學物質的水會從裂縫（斷層）湧出。這些熱泉和冷泉都含有對人體有害的硫化氫、甲烷，但這些物質對於深海生物來說，是牠們的能量來源，而這些噴口就相當於牠們的綠洲。

深海貽貝

從腳伸出細絲（足絲），牢牢附著在海底煙囪或岩石表面。鰓裡有甲烷氧化菌共生，靠著細菌製造的營養維生。
■ 10cm（殼長）、6.5cm（殼高）●日本相模灣冷泉噴口、日本沖繩海槽南奄西南丘及伊平屋洋脊的熱泉噴口 ■共生細菌製造的有機物

薩摩管蟲

住在自己打造的棲管裡，能夠製造出直徑 10m、高 5m 的巨大棲管群。體內的共生細菌會吃硫化氫製造養分。
■ 50～100cm（全長） ●日本鹿兒島灣管蟲區、南海海槽金洲之瀨（均為冷泉噴口）、北馬里亞納群島海域日光海山（熱泉噴口）■共生細菌製造的有機物

深海湯花蟹

一般認為牠是吃熱泉附近的動物和增生的微生物毯維生。
■ 6cm（殼寬）●日本伊豆＆小笠原群島到馬里亞納群島近海、沖繩海槽等的熱泉噴口 ●動物和微生物毯

鱗足螺

腳上有鱗片覆蓋，鱗片和外殼含有硫化鐵。因為體內共生細菌排出的硫磺與熱水裡的鐵結合，就產生出硫化鐵的鱗片。
■ 5cm（殼高）、4cm（殼寬）■印度洋熱泉噴口 ■共生細菌提供的能量

Q 南極海有生物嗎？

A 一般人以為冰封的南極大海裡沒有任何生物，但其實這裡是生物的寶庫。即使氣溫比陸地上低幾十℃，水溫最低也只會下降到負2℃，所以意想不到的溫暖。再者，這裡一到夏天就會產生大量的浮游植物，賴以維生的南極磷蝦等生物也會跟著增加，而吃那些磷蝦的鯨魚和企鵝等也會聚集過來。

生活在南極！

霞水母

發現於一九八六年，是棲息在南極海的巨型水母。又大又寬的傘狀部分，直徑甚至可超過 1.2m。
- 1.2m ■ 南極半島近海 ■ 浮游生物

抗輻射奇異菌

因為能夠抗輻射而出名的細菌。照射足以殺死人類細胞之輻射量的一千倍，也不會死掉。●全球各地

輻射無效!?

住在喜馬拉雅山！

黃嘴山鴉

棲息在阿爾卑斯山、喜馬拉雅山等高山的烏鴉。即使海拔 8335m 高的地方氧氣濃度只有地面的三分之一，牠也依然不受影響。
● 37～39cm ●歐洲和亞洲的高山 ●動物屍骸、植物種子

住在沙漠裡！

鏟鼻蜥

生活在沙漠的蜥蜴。
● 10～12cm ●非洲的納米比亞、安哥拉 ●昆蟲等

地底世界大發現！

住在洞窟裡

👀 上田博士告訴你！

鐘乳石洞等洞窟的深處，住著一群獨特的生物。棲息在洞窟的生物多半眼睛退化，所以沒有眼睛；陽光照不到洞窟深處，在一片漆黑中也不需要眼睛。而且牠們的身體通常是白色，這是因為牠們曬不到有毒的紫外線，所以體內缺乏保護皮膚的黑色素。另外，洞窟是遺世孤立的環境，棲息在這些洞窟的生物也有各自的演化，形成當地的特有種。

盲螈

幼年期眼睛還能看見，但成年後，眼睛就會退化到不見。即使沒有食物也能夠存活將近 10 年，壽命據說超過一百歲。是瀕臨絕種的物種。
◯ 25 ～ 40cm ◯ 斯洛維尼亞、克羅埃西亞、波士尼亞和赫塞哥維納聯邦 ◯ 蝦蟹等

Q 為什麼生活在洞窟裡？

A 黑漆漆的洞窟乍看之下不利於生物生活，但其實洞窟裡溫度恆定，也幾乎沒有天敵，只要能夠適應這種特殊環境，就會是住起來很安心的地方。

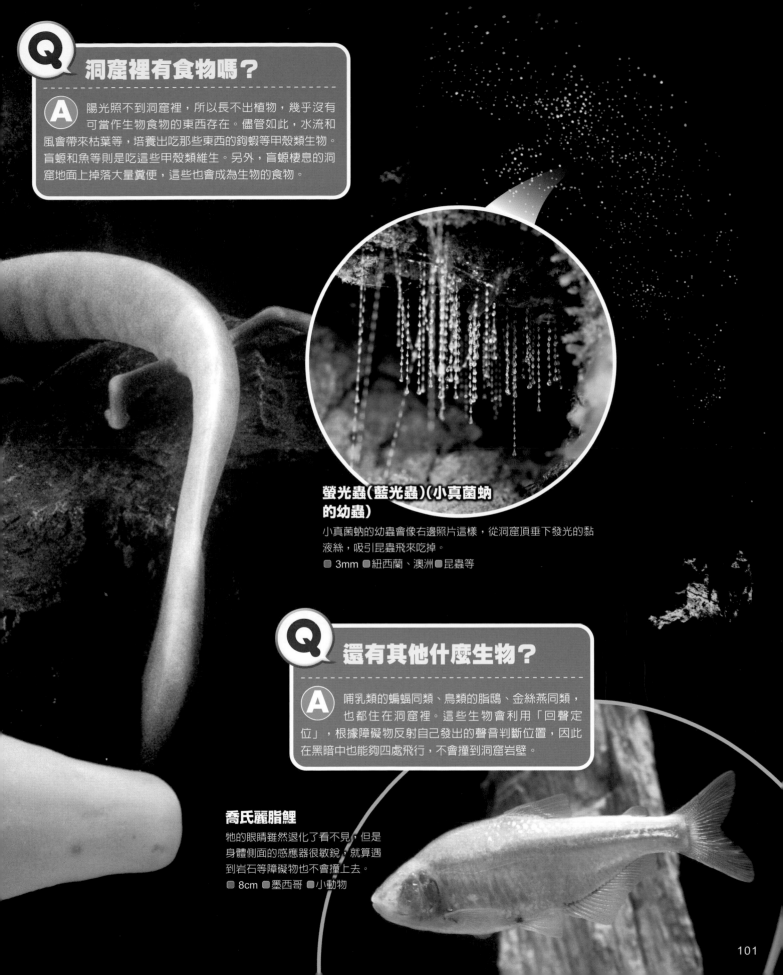

Q 洞窟裡有食物嗎？

A 陽光照不到洞窟裡，所以長不出植物，幾乎沒有可當作生物食物的東西存在。儘管如此，水流和風會帶來枯葉等，培養出吃那些東西的鉤蝦等甲殼類生物。盲蝦和魚等則是吃這些甲殼類維生。另外，盲蝦棲息的洞窟地面上掉落大量糞便，這些也會成為生物的食物。

螢光蟲(藍光蟲)(小真菌蚋的幼蟲)

小真菌蚋的幼蟲會像右邊照片這樣，從洞窟頂垂下發光的黏液絲，吸引昆蟲飛來吃掉。

◯ 3mm ◯紐西蘭、澳洲◯昆蟲等

Q 還有其他什麼生物？

A 哺乳類的蝙蝠同類、鳥類的脂鴟、金絲燕同類，也都住在洞窟裡。這些生物會利用「回聲定位」，根據障礙物反射自己發出的聲音判斷位置，因此在黑暗中也能夠四處飛行，不會撞到洞窟岩壁。

喬氏麗脂鯉

牠的眼睛雖然退化了看不見，但是身體側面的感應器很敏銳，就算遇到岩石等障礙物也不會撞上去。

◯ 8cm ◯墨西哥 ◯小動物

活化石

活化石

皺鰓鯊

棲息在深海的原始鯊魚，具有與三億五千萬年前左右的古代鯊魚相同的身體特徵，例如：有六對鰓孔等，因此被視為是活化石。

◯ 2m ◯全球各地的深海 ◯烏賊、魚類

從很久很久以前，外型就幾乎沒有改變，而且現在也仍然存在的生物，稱為「活化石」。當中有從恐龍時代就不曾改變過樣貌，以同樣外形活到今天的生物。事實上，蟑螂、銀杏等，我們日常生活常見的生物，也是「活化石」。

Q 為什麼自古代以來就不曾改變？

A 有很多活化石的深海和孤立的小島等地方，環境變化少，而且幾乎沒有天敵，因此，這些生物沒有改變外形，持續到現在。

舌形貝

乍看之下像是雙殼貝，但牠其實不是貝類，而是腕足動物門的生物。找出牠五億年前的化石，就會發現與現在的外形幾乎一樣。■ 4～10cm ■全球各地的溫暖海域 ■浮游生物

▲英國約克夏郡發現的侏儸紀（兩億一百三十萬年前～一億四千五百萬年前）的舌形貝化石。

鴨嘴獸

鴨嘴獸的同類,消化道、排泄道與生殖道的開口都是同一個,因此稱為單孔目生物。牠是現存動物之中,最原始的哺乳類。 ◻ 45～60cm ◻澳洲東部、塔斯馬尼亞島 ◻昆蟲、蟹、蝦、貝類、魚類

喙頭蜥(鱷蜥)

外形從兩億年前就沒有改變。長相類似蜥蜴,但牠是更原始的爬蟲類。頭頂有類似眼睛的器官,能夠感應亮度。成長速度十分緩慢,能夠活 100 年以上。
◻ 65～71cm ◻紐西蘭北島 ◻昆蟲、鳥蛋和雛鳥等

Q 哺乳類卻產卵?

A 科學家認為或許因為澳洲大陸在很久以前就與其他大陸分開,形成孤立的陸塊,因此鴨嘴獸的天敵少,就算以卵生方式繁衍後代也能夠存活下來,不擔心會被吃掉。

腔棘魚

原以為腔棘魚早在白堊紀末期(六千六百萬年前)已經絕種,沒想到一九三八年卻在現在的南非共和國東海岸近海、深度約 70m 的海底發現牠的行蹤。在印尼也有發現不同種的腔棘魚。 ◻ 1.8m ◻非洲東南部 ◻魚類

兩棲非洲肺魚

棲息在非洲、體型最小的肺魚。肺魚的同類早在大約四億年前的泥盆紀就已經出現，現在只剩下六種，分別在非洲、澳洲、南美洲。這種魚有肺，會把嘴探出水面呼吸空氣。

▇ 45～50cm ▇ 非洲 ▇ 蚯蚓、魚類、蝦等

沒有水也能夠呼吸的肺魚部分同類，在遇到不下雨的乾季時，就會在土裡「夏眠」直到下次的雨季來臨。照片中是從土裡挖出來的肺魚同類。

Ｑ 腔棘魚的魚鰭有祕密？

Ａ 腔棘魚最大的特徵就是四個看來像腳的魚鰭。牠的魚鰭有骨頭，能夠像腳一樣做出後退或橫移的動作，也因此科學家認為，腔棘魚演化之前的前身或許是用四腳走路的兩棲類。調查腔棘魚基因的最新研究顯示，腔棘魚雖然是魚，卻同時具有魚類和兩棲類的基因。

數量驚人

龐大的群體

👀 上田博士告訴你！

生物有時會成千上萬頭聚集在一起，形成龐大的族群。到底為什麼要這樣大批群聚？當然是因為有好處。我們一起來瞧瞧有哪些好處。

不易被吃掉!?

鈍吻真鯊

棲息在熱帶海域的鯊魚，出現在有珊瑚礁的環境。照片中是牠鎖定一大群小魚，正準備要獵食。⬜ 2.5m ⬛印度洋、大西洋 ⬛魚類、烏賊

Q 小魚為什麼要大量群聚？

A 數量愈多，被天敵吃掉的風險也就愈低，所以魚類為了安全起見，習慣一大群聚集在一起。這樣龐大的魚群集團稱為「餌球」。會製造餌球的魚類包括沙丁魚、鯡魚等。

海象島 !?

海象

生活在北極的巨大海洋哺乳類生物，會用長度可達1m 的大尖牙挖出海底的貝類來吃。

■ 3.6m（雄）、3m（雌）
■ 北極圈 ■ 貝類、海膽、蝦、魚類

Q 海象為什麼要大批聚集？

A 為了休息與繁殖。照片中是為了休息而群聚的海象。這樣的集團幾乎都是年輕的雄海象和雌海象組成。另外，集結成一大群也能夠避免北極熊的攻擊。

▼2020年在非洲肯亞拍攝到的大群沙漠飛蝗。

Q 為什麼會大量出現？

A 沙漠一旦下過大雨，就會長出大量牠們賴以維生的草，因此會大量出現。沙漠飛蝗的數量一多、密度一大，就會出現適合長距離飛行移動的長翅膀類型，開始成群結隊移動，找尋綠草。

沙漠飛蝗

棲息在沙漠或半乾燥地帶等乾燥地區的蝗蟲。大雨過後就會大量出現。◯ 40～60mm ◯非洲、中東、亞洲 ◯ 植物

Q 牠們會造成什麼樣的損失？

A 牠們吃的植物超過五百種以上，因此遭到大群沙漠飛蝗入侵的田地，農作物全部都會被吃光。另外，用來當作家畜飼料的植物也會被吃掉，所以會導致糧食不足，無法飼養家畜。截至目前為止已有六十個國家、約占地球陸地面積20%的地方蒙受其害。

▲2020年4月的沙漠飛蝗危險程度標示地圖。黃色表示需要小心的國家，橘色是作物可能損失的國家。

▲群聚在植物上，布滿整個表面的沙漠飛蝗。

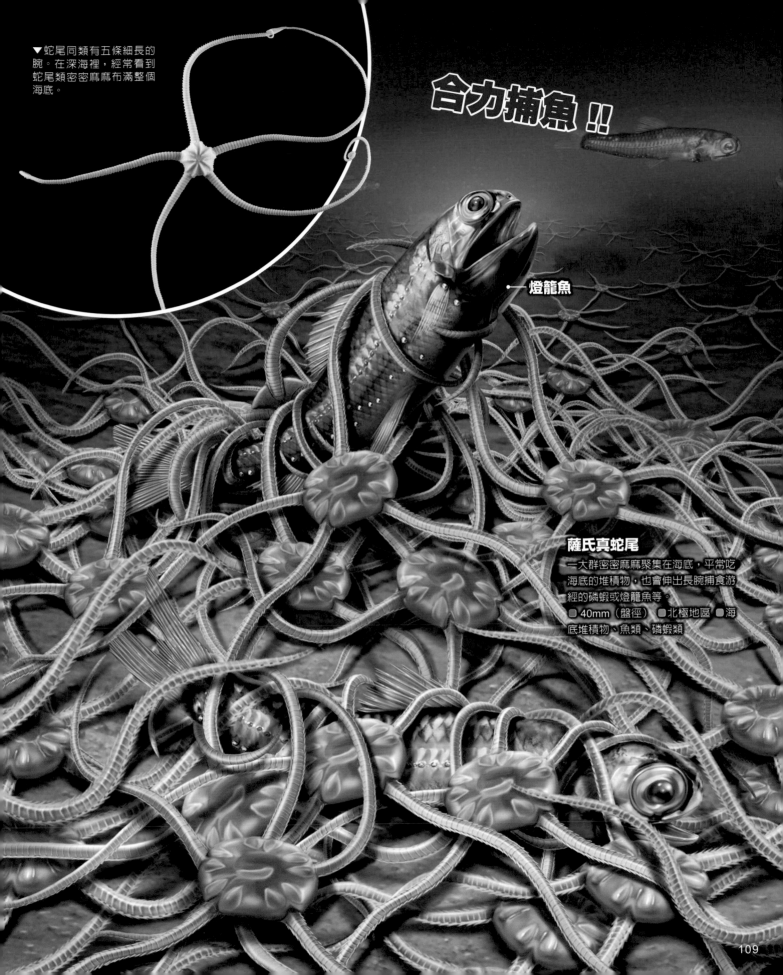

▼蛇尾同類有五條細長的腕。在深海裡，經常看到蛇尾類密密麻麻布滿整個海底。

合力捕魚！！

— 燈籠魚

薩氏真蛇尾
一大群密密麻麻聚集在海底，平常吃海底的堆積物，也會伸出長腕捕食游經的磷蝦或燈籠魚等。
□40mm（盤徑）■北極地區■海底堆積物、魚類、磷蝦類

中型工蟻擔任攻擊獵物的士兵。

工蟻

兵蟻大大的下頜很發達。

兵蟻

Q 兵蟻會造橋？

A 兵蟻走到葉子末端，無法繼續前進時，就會交疊串連彼此的身體，搭橋前往遠處的葉子或樹枝上。

行軍蟻

沒有築巢的習性，經常是以上百萬隻的驚人數量在熱帶雨林裡遷移生活。蟻群中的螞蟻有大小之分，負責的工作也不盡相同。

●1.5～2cm ●中美洲到南美洲北部 ●昆蟲、小動物

疊羅漢？

組合成巨鳥！

歐洲椋鳥

傍晚要去睡覺時會成群移動，鳥群數量驚人，有時甚至超過兩百隻。

●21cm ●歐亞大陸 ●昆蟲、果實

Q 鳥為什麼要成群結隊活動？

A 數量愈多，天敵鎖定自己的風險也就愈低，再加上一大群夥伴待在一起，能夠更早一步得知天敵靠近的消息。另一方面，成群結隊能夠保護蛋和雛鳥，避免天敵襲擊。

國王企鵝群

生物追蹤研究

上田博士告訴你！

生物能夠在陸海空自由自在活動，因此人類很難全面觀察到牠們，這種時候我們會把稱為「資料記錄器（data logger）」的小型儀器裝在牠們身上，記錄生物的活動，瞧瞧牠們平常在做什麼，這就叫做「生物追蹤研究（bio-logging）」。截至目前為止科學家們已經把記錄器裝在鯨魚、海豹等哺乳類、魚類、鳥類、爬蟲類等，各式各樣的生物身上，陸續揭曉出我們原本一無所知的生物行為。

在水槽裡把身體傾斜約60度游泳的無溝雙髻鯊。

Q 無溝雙髻鯊為什麼要歪著身體游泳？

A 把記錄器裝在無溝雙髻鯊的背鰭上，調查牠游泳的情況，就會發現牠會反覆把身體往右歪60度游5～10分鐘，接著改為往左歪60度繼續游。為了查出原因，科學家們建立無溝雙髻鯊的模型，利用模型測量作用力，發現鯊魚的身體傾斜60度時，能夠把水的阻力降到最低。無溝雙髻鯊歪著身體游泳，長背鰭就會像飛機的機翼一樣，使牠不會沉下去。換句話說，無溝雙髻鯊採取這種奇妙的方式游泳，全是為了節省體力。

▲這張是身體傾斜程度的變遷圖。由此可知，身體是每5～10分鐘變換傾斜的方向。

無溝雙髻鯊

這種鯊魚的特徵是頭形像鎚子，以
及又長又大的背鰭。

■ 6m（全長）　■日本九州南部
等、全球各地的熱帶、溫帶海域
■魚類、烏賊和章魚、甲殼類

Q **生物追蹤研究使用的是哪些儀器？**

A 目前已經開發出攝影機
（①）、行動記錄器（②）
（搭載測量姿勢動態的加速度感應
器，及用螺旋槳轉動次數測游速的
速度感測器）、定位的 GPS 記錄
器（③）等各式各樣的儀器。科學
家可以透過事後回收或人造衛星，
取得裝在生物身上這些儀器中儲存
的寶貴資料。

近年來開發出更
迷你的儀器，能
夠裝在小型昆蟲
身上。左邊照片
就是戴著重約
0.2g發報機的胡
蜂。

直立游泳，張著嘴等待小魚自投羅網的鰮鯨（布氏鯨）。

Q 鰮鯨（布氏鯨）如何獵食？

A 科學家替棲息在暹羅灣的鰮鯨裝上記錄器和數位攝影機進行調查，發現牠會一邊直立游泳一邊張大嘴等著小魚跳進嘴裡。鰮鯨原本就因為張開嘴朝小魚等魚群衝過去的獵食方式而聞名，後來才知道不只是這樣，牠還會張嘴等小魚自己送上門來。科學家因此認為鰮鯨懂得配合各種環境，改變獵食方式。

Q 發現了抹香鯨與海豹的睡覺方式？

A 有很長一段時間，我們都不知道生活在海裡的鯨魚和海豹是怎麼睡覺的。直到科學家在生物身上裝了紀錄游速、姿勢、下潛深度等的行動記錄器之後，這才發現抹香鯨是頭朝上或朝下，以直立的姿勢睡覺。北象鼻海豹睡覺時則是緩慢地螺旋狀旋轉下沉。有些海豹即使撞到海底，也仍舊會以仰躺的姿勢再睡五分鐘。

躺在海藻床上睡覺的港灣海豹。

●北象鼻海豹的睡覺方式

（深度）
320m
340
360
380
400
420
440

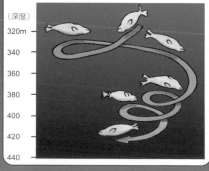

直立睡覺的抹香鯨。

Q 候鳥是邊飛邊睡嗎？

A 在軍艦鳥身上裝小型腦波儀，檢測牠在遷徙期間的睡眠腦波，得知牠們每天大約會有 40 分鐘是邊飛邊睡。而且幾乎都是左右腦輪流睡，稱為「腦半球睡眠」。因為有半邊腦醒著，所以能夠持續安全飛行。據說軍艦鳥在地面上一天睡九個小時以上，在遷徙時就必須比平常睡得更少。

遷徙時，需要連續飛行好幾個月的軍艦鳥。

Q 貝加爾海豹吃什麼維生？

A 科學家替居住在貝加爾湖的貝加爾海豹，裝上攝影機和行動記錄器之後，發現牠們一天會吃掉好幾千隻極小的鉤蝦。在截至目前為止調查過的水生哺乳類生物之中，牠們賴以維生的獵物最小。貝加爾海豹有特殊的鋸齒狀牙齒，有助於排出跟著獵物一起進入口腔的海水。

◀貝加爾海豹的牙齒。

Q 藍鯨的心臟有祕密？

A 二○一九年，全球首次成功測量到藍鯨的心跳速率，調查結果顯示，在海面附近的藍鯨心跳速率是每分鐘約 35 下；潛入海裡覓食時，藍鯨的心跳速率最低甚至少到只有 2 下。藍鯨能夠大幅度改變心跳速率，因此在海裡也能夠很有效率地行動。研究團隊今後將改良測量儀器，以獲得更詳細的資料，也期待能夠測得長須鯨、大翅鯨（座頭鯨）、小鬚鯨等的心跳。

◀藍鯨潛入深海後，心跳次數就會大幅下降；浮上海面呼吸時，心跳次數就會上升。

Q 短尾信天翁能夠找出走私船？

A 短尾信天翁為了抓魚，有找出在海上捕魚的漁船並追著船的習性。在短尾信天翁的背上裝設發報機和天線，觀察牠們追船的軌跡，因而得知牠們追的船之中，大約有 30% 會切斷所有漁船都有的識別裝置電源。這些船很有可能在走私違禁品。

研究人員也從短尾信天翁之一的漂泊信天翁身上收集到資料。

生物們的社會

蜜罐蟻

棲息在澳洲乾燥地區的螞蟻。蜜罐蟻在澳洲、北美洲、南非等地的乾燥地區約有34種同類存在。

◼ 1.2～1.7cm ◼澳洲 ◼花蜜、昆蟲

生物之中，有些是過著群居的社會生活，可分為女王、勞工、士兵等不同角色。女王負責產卵。勞工負責找尋搬運食物、修築巢穴。士兵負責對抗敵人，保護巢穴。他們的身體構造也配合各自的任務而不同，勞工和士兵絕對不會產卵。這類具有社會性的生物，稱為「真社會性生物」。

日本蜂

由一隻女王蜂、上百隻雄蜂、上萬隻工蜂組成大集團群居在一起。工蜂全都是雌蜂，但不會產卵。
● 1.2～1.3cm（工蜂）
● 日本北海道到九州、西南群島 ● 花蜜

熱殺蜂球

中華大虎頭蜂攻擊日本蜂的蜂巢時，日本蜂會派出工蜂施展「熱殺蜂球」招式，把敵人團團圍住，利用振翅發熱悶死對方。

Q 蜜罐蟻可以吃嗎？

A 澳洲原住民吃蜜罐蟻，而且是活生生把儲存花蜜的部分咬下來吃掉。嚐起來很甜，可以當成零食。

▲蜜罐蟻的花蜜可以食用。

Q 為什麼把花蜜儲存在肚子裡？

A 蜜罐蟻的社會中，有工蟻負責採花蜜存放在體內，是專門負責儲存的螞蟻。因為牠們生活在乾燥地區，必須趁著花蜜盛產的時期儲存。到了缺乏食物的季節，就會把儲存的蜜分給其他螞蟻吃。

切葉蟻

生活在中美洲到南美洲的熱帶雨林裡。一個蟻穴住著一百
萬隻螞蟻。牠們有三種工蟻，包括保護蟻穴和隊伍的大型
「兵蟻」、切下葉子搬運的中型「工蟻」，以及負責照顧
蕈菇等的小型「迷你蟻」。

⬤7mm（工蟻）　⬤中美洲到南美洲北部　⬤蕈菇

為什麼要搬運葉子？

A　搬葉子是為了栽培當作食物的蕈菇。
　　切葉蟻會割下樹葉和花朵搬回蟻穴，
在巢穴裡切碎養殖真菌，這樣做能夠長出蕈
菇。切葉蟻會栽培蕈菇當作食物。

切葉蟻的蟻穴

中型「工蟻」會把割下的葉子搬回地上的蟻穴裡，接著在蟻
穴裡繼續把葉子切碎。

蕈菇農場

小型「迷你蟻」負責管理當作食
物的蕈菇。

Q 身上有為了割葉子而存在的特徵？

A 負責割葉子的「工蟻」，演化成正好適合割葉子的體型大小，牠的腳也比較長，避免在割葉子時摔下去。

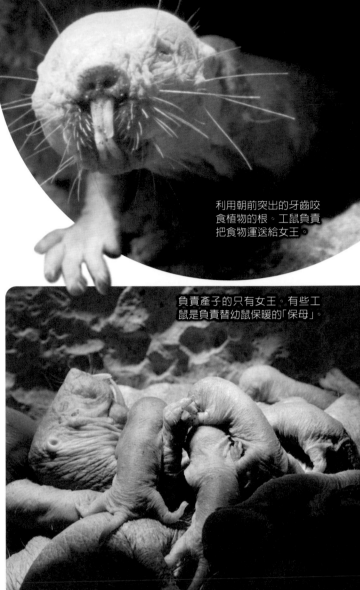

利用朝前突出的牙齒咬食植物的根。工鼠負責把食物運送給女王。

負責產子的只有女王。有些工鼠是負責替幼鼠保暖的「保母」。

裸鼴鼠

棲息在非洲東部的疏林草原。大約八十隻群居在一起，在地下挖掘隧道居住。身上無體毛，眼睛也幾乎看不到。

■ 10cm ■ 肯亞、索馬利亞 ■ 植物的根、根莖類

尖銳的下頜

「工蟻」使用大下頜切割葉子。牠的頭也比其他螞蟻更大，因為活動下頜的肌肉很發達。

Q 哺乳類生物也會建立奇妙的社會？

A 真社會性生物只在螞蟻、蜂類、白蟻、蚜蟲等昆蟲之中看到。但是，棲息在非洲的裸鼴鼠也有女王、國王、勞工、士兵之分，而且已知只有女王會產子，可以確定牠們是真社會性生物。真社會性的哺乳類目前只發現裸鼴鼠和達馬拉蘭鼴鼠兩種。

這種構造有原因！

大自然的知名建築

上田博士告訴你！

精巧到令人忍不住驚呼「這是怎麼做出來的？」的巢、需要仰望的巨大蟻塚等，大自然的生物們都是了不起的建築師，不使用工具也無人教導就造出來了。牠們到底為什麼要打造出這樣的建築呢？

Q 為什麼要築出類似籠子的鳥巢？

A 小黑臉織布鳥的最大敵人是蛇。為了避免蛇入侵鳥巢，牠們會把模樣像籠子的鳥巢垂掛在細樹枝的尖端。另外，鳥巢的好壞也關係到能否求偶成功。鳥巢如果做得太差，雌鳥甚至會把鳥巢弄壞。

Q 為什麼要建造這麼大的巢？

A 廈鳥（群織雀）的繁殖期是在寒冷的冬天，用意是趁著牠們的天敵 —— 蛇不活動的時候育兒。但是冬季夜晚的氣溫會降至零下，鳥蛋和雛鳥很可能冷死，所以許多鳥集合在一起築巢，用體溫替整個鳥巢保暖。另外，用枯草打造的鳥巢可避免熱能流失，築得愈大愈耐寒，實際上也有資料顯示即使鳥巢外面的氣溫是 5℃，鳥巢內仍然能夠維持在 16 ～ 19℃。

▲搬運築巢材料的廈鳥（群織雀）。

吊在鳥巢外求偶的雄鳥。

小黑臉織布鳥

住在非洲疏林草原的小型鳥，會把籠子形狀的鳥巢垂吊在樹枝上。築巢是雄鳥的工作。照片中央的鳥正剛開始築巢。

🔲 13cm 🔲 非洲東部到南部 🔲 植物的種子、昆蟲

廈鳥（群織雀）

與住在非洲的織雀是同類。牠們會群聚在一起，用枯草在樹木或電線桿築出巨大的鳥巢。有些鳥巢甚至用了 100 年以上，或是太重把樹壓垮。

🔲 14cm 🔲 非洲南部 🔲 植物的種子、昆蟲

白蟻

全世界已知約有 2200 種。名稱中雖然有「蟻」字，但牠比較接近蟑螂。過著群居的社會生活，有女王、國王、兵蟻、工蟻等的角色區分。食物是枯木、枯草、富含有機物的土壤等，負責分解大自然枯木的重要任務。

■ 全球各地 ■ 乾枯植物（纖維素）

白蟻的
巨型蟻塚！

蟻塚的表面

照片是白蟻的蟻塚，用土壤和白蟻的睡液凝固而成，很堅固，不易破壞。蟻塚上有無數的洞，可用來通風。不是只有白蟻會造蟻塚，螞蟻中有些物種也會造蟻塚。

Q 有動物吃白蟻嗎？

A 有不少動物專吃白蟻，因為白蟻營養豐富，而且一次就可以吃到很多，最具代表性的就是棲息在南美洲的大食蟻獸。牠可以用又尖又長的利爪破壞蟻塚，伸出長舌舔食白蟻。另外，棲息在非洲的鬣狗同類土狼，也是專吃白蟻，一晚可以吃掉三十萬隻。

吃白蟻的大食蟻獸。

在蟻塚中培養的菌類

在某種蟻塚裡，長著白蟻培養的菌類。白蟻會把這種菌類吃進肚子裡，幫助分解無法消化的植物纖維素。另外，白蟻培養的菌類也能夠使蟻塚內部維持一定的溼度。

蟻塚的內部

延伸到地底下的蟻塚核心部分，是白蟻的居住區，溫度通常維持恆定。中央就是女王的房間。

蟻塚的剖面圖

蟻塚內部有許多小房間與通道，也會延伸到地底下，使內部保持一定的溫度。突出在地面的部分，最大甚至可達5m高。

心電感應

溝通

上田博士告訴你！

生物們會與自己的同伴說話嗎？過去科學家們持續進行許多研究，想要解開這個謎團。結果顯示，人與人之間會交流，生物也同樣會與自己的同伴互通資訊。事實上牠們會透過叫聲、跳舞等動作、氣味、舔毛、身體接觸、發光等各種方法，與同伴溝通。

Q 如何傳達想法？

A 非洲象是利用聽、看、嗅、接觸等方式與同伴溝通的動物。其中以聲音交流最發達。科學家認為牠們會發出從高頻到人類聽不到的低頻聲音、音域比人類廣兩倍的聲音，傳達訊息。某個研究指出，牠們會發出「出發吧」、「有敵人，要小心」等幾十種聲音。另外，大象發出的超低頻聲音，人類耳朵聽不見，卻可以傳到很遠的地方。實驗結果顯示，距離 2km 外的大象仍會有反應；如果各方面條件配合，甚至 10km 外的大象都能聽到。

非洲象

非洲象是以雌象為中心群居，並團體行動。科學家認為牠們是智商很高的動物，懂得利用各種方式與同伴溝通。

■6～7.5m ■非洲 ■葉子、根、樹皮、草、果實

Q 大象逃過了海嘯嗎？

A 二○○四年，印尼蘇門答臘島近海發生地震時，泰國的亞洲象感受到地震，在海嘯到來前就先行逃離。大象的腳底很敏銳，已經能夠感受到低頻波。科學家認為大象或許是感受到地震產生的低頻波，察覺到情況不對勁，才會逃走。

用聲音溝通

Q 海豚是靠說話溝通嗎？

A 瓶鼻海豚會發出哨音、喀嚓聲，以及洪亮的「急脈衝」聲音。這三種聲音之中的哨音，科學家認為是用來溝通的聲音。不同個體的哨音有不同的特色，即使群聚在一起生活，也能夠分出聲音是來自誰。

瓶鼻海豚

通常是二十到五十隻左右群居在一起生活。水族館等的海豚表演可看到牠們活躍的表現。■ 2.4～3.8m □全球各地的溫暖海域 □魚類、烏賊

Q 發出喀嚓聲是什麼意思？

A 海豚發出喀嚓聲是在使用「回聲定位」的技巧，靠聲音判斷東西的位置和形狀。牠先從鼻腔深處發出「喀嚓喀嚓」的聲音，集中在頭上的額隆增幅，再微幅往前送出。這時候，碰到東西反彈回來的聲音，會變成振動傳送到海豚的下頜骨，使牠知道前方某個東西的位置和形狀。也因為海豚懂得使用「回聲定位」，即使海水混濁，牠也有辦法覓食。蝙蝠等也會使用回聲定位。

額隆

位在頭部的脂肪組織，用來進行溝通。在鯨魚和虎鯨身上也有同樣器官。

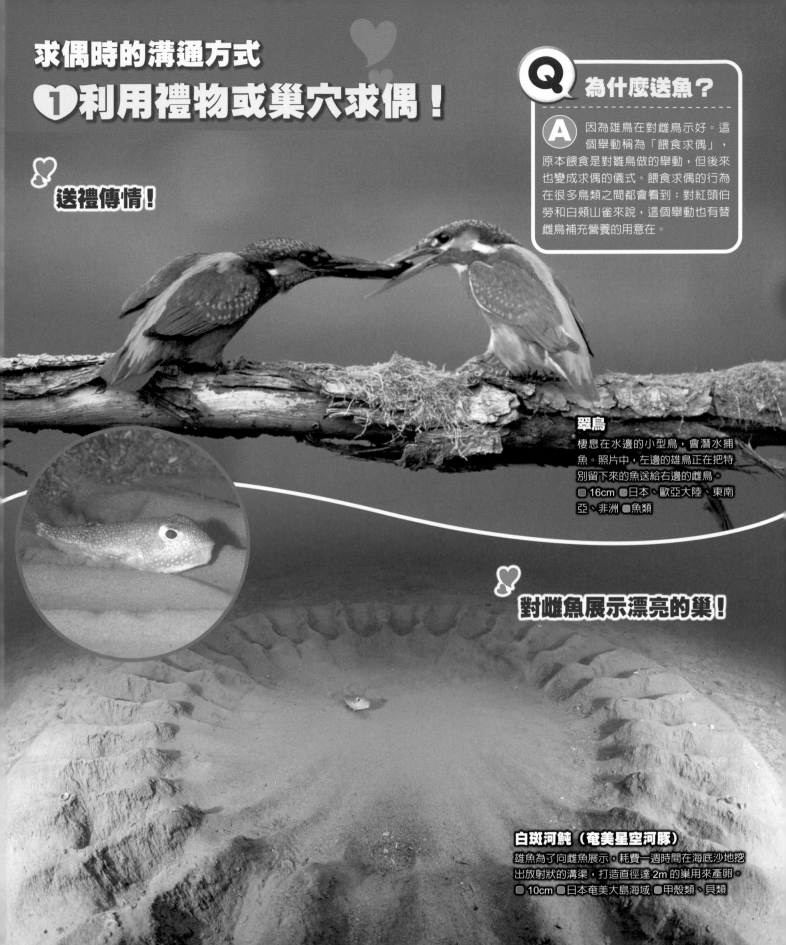

求偶時的溝通方式
➊利用禮物或巢穴求偶！

送禮傳情！

Q 為什麼送魚？

A 因為雄鳥在對雌鳥示好。這個舉動稱為「餵食求偶」，原本餵食是對雛鳥做的舉動，但後來也變成求偶的儀式。餵食求偶的行為在很多鳥類之間都會看到；對紅頭伯勞和白頰山雀來說，這個舉動也有替雌鳥補充營養的用意在。

翠鳥
棲息在水邊的小型鳥，會潛水捕魚。照片中，左邊的雄鳥正在把特別留下來的魚送給右邊的雌鳥。
🔲16cm 🔲日本、歐亞大陸、東南亞、非洲 🔲魚類

對雌魚展示漂亮的巢！

白斑河魨（奄美星空河豚）
雄魚為了向雌魚展示，耗費一週時間在海底沙地挖出放射狀的溝渠，打造直徑達 2m 的巢用來產卵。
🔲10cm 🔲日本奄美大島海域 🔲甲殼類、貝類

127

求偶時的溝通方式
2 跳舞求偶！

秀出自己的花紋！

很會跳求偶舞的舞棍們！

孔雀蜘蛛

已知大約有 90 種同類。當中有些種的雄蜘蛛腹部正面有花俏的圖案，牠們會搖晃跳舞，秀出腹部花紋，向雌蜘蛛求偶。

■ 4～5mm ■澳洲 ■昆蟲

展開飾羽！

華美天堂鳥

棲息在新幾內亞島的天堂鳥科鳥類。照片中的是雄鳥，正在張開飾羽跳舞，對雌鳥示愛。■ 26cm ■新幾內亞島 ■果實、昆蟲

♥ **呼吸一致的舞蹈**

♥ **鼓起胸脯**

大艾草榛雞
一進入繁殖期，幾十隻的雄鳥就會聚集在一處跳舞，對雌鳥求偶。牠們會鼓起胸前的氣囊，變得像氣球一樣，一邊發出特殊的聲響一邊跳舞。
- 雄鳥 80cm，雌鳥 50cm ■ 北美洲 ■ 昆蟲、植物的葉子

丹頂鶴
在育雛繁殖期開始之前，已經配對的雄鳥和雌鳥會反覆做出展翅起飛的動作，科學家認為這個動作是雄鳥和雌鳥在互相配合受孕時機。
- 145cm ■ 日本、中國東北部、俄羅斯 ■ 魚類、昆蟲、植物的種子

求偶時的溝通方式
③其他求偶方式！

♥ **鞠躬求偶♥**

♥ **互咬求偶♥**

錐齒鯊
雄鯊與雌鯊在交配前有互咬對方身體的習性。雖然身上會因尖牙而受傷，但幾天過後就會痊癒。
- 3m ■ 全球各地的熱帶、溫帶海域 ■ 魚類

皇帝企鵝
配成對的雄企鵝和雌企鵝會面對面，反覆做出類似鞠躬的動作示愛。
- 112～115cm ■ 南極大陸 ■ 魚類、甲殼類

模仿生物們！

仿生學

👀 上田博士告訴你！

人類模仿生物優異的身體構造和機制，開發出全新技術，稱為「仿生學」。尤其是最近出現在我們日常生活中的新產品，居然是模仿大家意想不到的生物。接下來將介紹其中幾項。

類似翠鳥鳥喙的新幹線

JR 西日本開發的新幹線 500 系列，車頭的設計靈感是來自於衝進水裡的翠鳥鳥喙形狀。新幹線高速進入隧道時，空氣會被擠出隧道出口，發出很大的聲響，變成噪音問題。模仿翠鳥尖銳的鳥喙形狀，就能夠減少空氣阻力，降低引發問題的噪音。

模仿箱魨骨骼的車

賓士（Mercedes-Benz）的生化科技車，是模仿粒突箱魨的身體構造。箱魨科的魚身雖然是四四方方的箱形，水的阻力卻很低。賓士汽車從箱魨的體型得到靈感，設計出車內空間寬敞，但空氣阻力卻很低的車子。另外也模仿箱魨的外殼（骨質盾板），打造出輕盈堅固的車身。

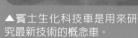

▲賓士生化科技車是用來研究最新技術的概念車。

Q 為什麼要模仿生物？

A 現存生物的身體構造和機制，是經過漫長時間考驗後所留下來、最優秀的結果，況且人類無論如何絞盡腦汁，也想不出這些。因此人類學習並研究大自然最出色的作品，應用在促使人類生活更加豐富的技術上。

◀粒突箱魨的身體構造是由六角形的骨板緊密接合而成（蜂巢形結構），有結實牢固的骨板外殼。

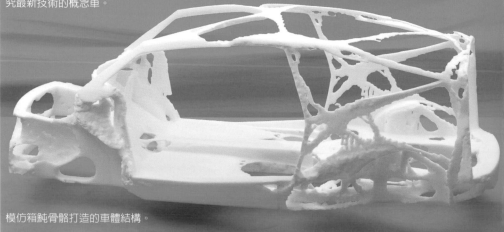

模仿箱魨骨骼打造的車體結構。

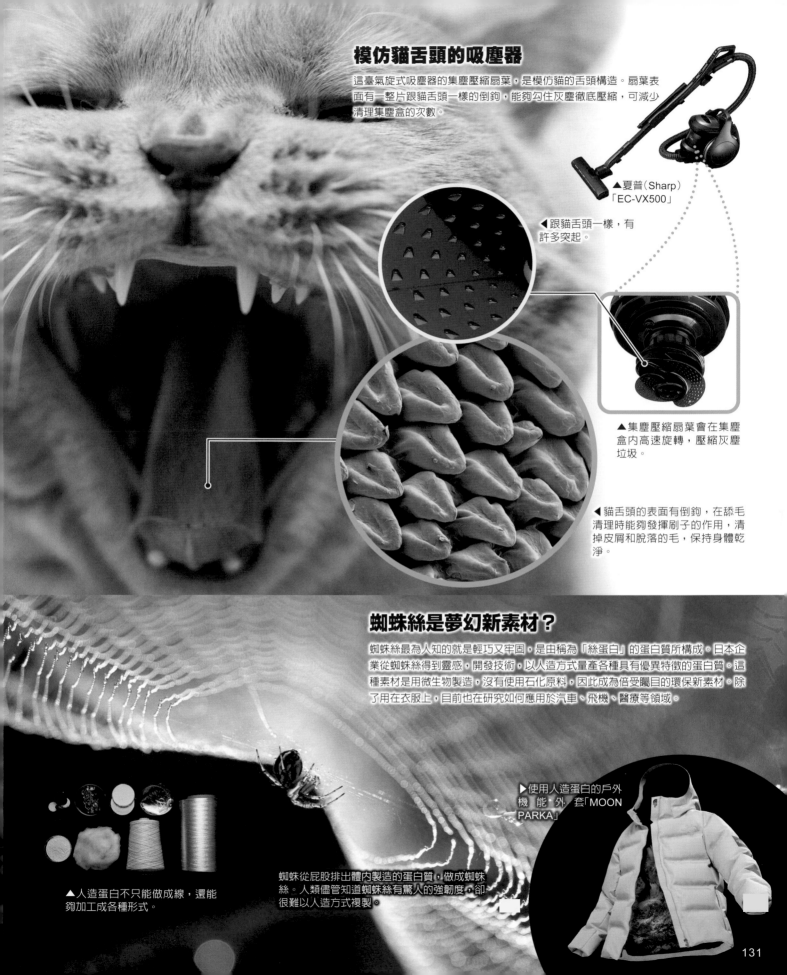

模仿貓舌頭的吸塵器

這臺氣旋式吸塵器的集塵壓縮扇葉，是模仿貓的舌頭構造。扇葉表面有一整片跟貓舌頭一樣的倒鉤，能夠勾住灰塵徹底壓縮，可減少清理集塵盒的次數。

▲夏普（Sharp）「EC-VX500」

◀跟貓舌頭一樣，有許多突起。

▲集塵壓縮扇葉會在集塵盒內高速旋轉，壓縮灰塵垃圾。

◀貓舌頭的表面有倒鉤，在舔毛清理時能夠發揮刷子的作用，清掉皮屑和脫落的毛，保持身體乾淨。

蜘蛛絲是夢幻新素材？

蜘蛛絲最為人知的就是輕巧又牢固，是由稱為「絲蛋白」的蛋白質所構成。日本企業從蜘蛛絲得到靈感，開發技術，以人造方式量產各種具有優異特徵的蛋白質。這種素材是用微生物製造，沒有使用石化原料，因此成為倍受矚目的環保新素材。除了用在衣服上，目前也在研究如何應用於汽車、飛機、醫療等領域。

▶使用人造蛋白的戶外機能外套「MOON PARKA」

▲人造蛋白不只能做成線，還能夠加工成各種形式。

蜘蛛從屁股排出體內製造的蛋白質，做成蜘蛛絲。人類儘管知道蜘蛛絲有驚人的強韌度，卻很難以人造方式複製。

131

▼大藍閃蝶。棲息在南美洲的摩爾福蝶，擁有同類之中最鮮豔的藍色。

▶大藍閃蝶的鱗粉沒有色素，是多層交疊的細緻構造，利用反射特定的光等方式使人看到顏色。這種顏色稱為物理色（又稱構造色、結構色）。

模仿閃蝶閃亮翅膀的衣服

這是模仿閃蝶物理色所製造的衣服。布料沒有染色，而是利用特殊構造，使其看起來像有上色。物理色能夠表現出色素無法呈現的特殊配色，而且時間久了也不會褪色。

像蝸牛殼一樣，髒汙會自動脫落的外牆

蝸牛殼明明沒有人擦拭，卻總是很乾淨，沒有髒汙，這是因為殼的表面有許多極細的細溝，能夠積水形成薄膜，所以不易沾附泥土等髒汙。因此有人從蝸牛殼的機制得到靈感，開發出不清洗也能夠靠雨水洗去汙垢的牆壁，用來當作住宅等的外牆。

Q 蝸牛殼是由什麼構成？

A 蝸牛殼的成分是碳酸鈣。牠們吃石灰岩等，所以身體吸收了碳酸鈣。混凝土（水泥地）上經常出現蝸牛，就是因為牠們在吃碳酸鈣。

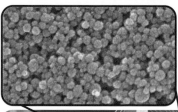

◀不會弄髒的外牆表面，塗上了保水的二氧化矽，能夠製造出薄薄的水膜，使髒汙浮在水膜上，一下雨就會被雨水沖走。

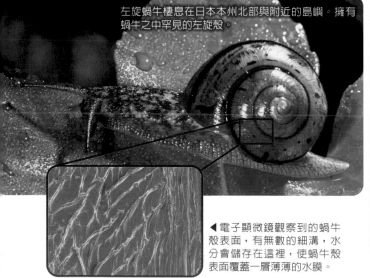

左旋蝸牛棲息在日本本州北部與附近的島嶼。擁有蝸牛之中罕見的左旋殼。

◀電子顯微鏡觀察到的蝸牛殼表面，有無數的細溝，水分會儲存在這裡，使蝸牛殼表面覆蓋一層薄薄的水膜。

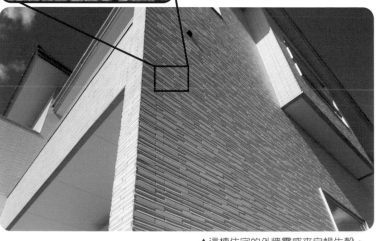

▲這棟住宅的外牆靈感來自蝸牛殼。

蓮葉的電子顯微鏡照片。

Q 為什麼能夠把水彈開？

A 蓮葉表面有許多很細小的凹凸，還覆蓋一層防水的蠟狀物質，因此形成空氣層，可阻止水分滲透。

油漆塗料防水的樣子。表面有許多與蓮葉一樣的細小凹凸，能夠達到防水效果。

模仿蓮葉構造的防水油漆

生長在水邊的蓮葉表面，防水功能很強，也不易沾附髒汙。因此有人模仿蓮葉的構造，開發出建築物外牆的油漆塗料。

▲蓮葉

模仿壁虎腳底構造的膠帶

即使是光滑的玻璃，壁虎也能夠牢牢黏在上面攀爬。用電子顯微鏡觀察壁虎的腳底，發現腳底每 1 平方公分的面積，長著密密麻麻 20 億根的蛋白質纖維，而且這些纖維頂端還有更細微的分叉構造，能夠伸入牆壁和玻璃表面的孔隙，不留半點縫隙，因此產生物質與物質互相拉扯的作用力，使壁虎能夠黏在任何地方。壁虎膠帶就是模仿這種構造的發明，雖然黏性很強，卻也能夠輕鬆撕下。

▲壁虎的腳底。腳底長滿許多細小的蛋白質纖維，而且頂端還進一步分叉成更細的纖維。

壁虎膠帶的表面。利用奈米科技，使細小纖維跟壁虎腳底一樣，密密麻麻排列在一起。

絕種生物

絕種生物

👀 上田博士告訴你！

絕種的意思是指生物的其中一個物種從地球上徹底消失。其原因很多，包括隕石撞擊、天敵和競爭對手入侵、疾病等；而西元一六○○年之後，絕種的絕大多數原因都是棲息地遭到破壞、有人把外來種帶進來、濫捕濫殺等人類活動所造成。地球生物彼此的存在息息相關，當然人類也不例外。

日本狼

直到江戶時代（一六○三～一八六七年）為止都棲息在日本的本州、四國、九州山區，但是，從江戶時代末期到明治時代（一八六八～一九一二年）初期，因為感染犬類疾病，科學家認為一九○五年在奈良縣捕捉到的雄狼就是最後一隻日本狼。

⬜ 95～114cm ⬜日本的本州、四國、九州 ⬤兔子、鹿、野豬等哺乳類

Q 日本狼真的絕種了嗎？

A 由於沒有其他科學紀錄，因此一九○五年抓到的那隻日本狼，被視為是絕種前的最後一隻。但是有人持續在找尋日本狼仍然存在的證據。另外也有報告指出在日本的九州、埼玉縣等地都有人親眼目睹或拍攝到日本狼的身影，但無法確定那些是否真的為日本狼。

▲一九九六年在埼玉縣森林小路拍攝到的犬科動物。經過鑑定認為與日本狼十分相似。

日本水獺

過去生活在日本北海道、本州、四國、九州的河邊或海岸邊，但是人們為了取得牠的毛皮而濫捕濫殺，再加上河水汙染、棲息環境惡化，因此數量大減。一九七九年在四國發現屍骸之後，就再也沒有牠出沒的資訊，日本環境省於是在二〇一二年宣布絕種。照片是一九七九年在高知縣須崎市新莊川拍到的日本水獺最後身影。

■64.5～82cm ■日本的北海道、本州、四國、九州 ■魚類、蟹、蝦

Q 袋狼為什麼會絕種？

A 牠會獵食綿羊等家畜，因此被視為有害，遭到人類大量獵殺。紀錄顯示一八八八年到一九〇九年之間一共屠殺了兩千一百八十四隻袋狼，造成棲息數量銳減，最終絕跡。

袋狼

棲息在澳洲和塔斯馬尼亞島，夜晚會獵食小袋鼠等小型哺乳類動物。三千年前就從澳洲大陸上絕跡，不過塔斯馬尼亞島上仍有倖存者。直到一九三六年動物園飼養的最後一隻死亡後，正式絕種。

■1～1.3m ■澳洲、塔斯馬尼亞島 ■小型哺乳類、鳥類、爬蟲類

哈斯特鷹

翅膀張開可達 3m 長，是史上最大的老鷹。科學家認為牠們會獵食恐鳥類。在牠們的獵物恐鳥絕跡後，哈斯特鷹也跟著滅絕。■紐西蘭
■恐鳥類等

巨恐鳥

有類似鴕鳥的長脖子，頭頂到地面的高度有 4m，是很巨大的鳥類。直到大約一千四百年前都還存在，卻因為人類的獵捕而絕種。
■ 4m（頭頂到地面的高度）
■紐西蘭 ■植物的葉子、種子、果實

瀕臨絕種的珍貴物種

另外還有許多雖然尚未絕種，但也即將絕跡的生物，以及曾經一度被認為已經絕種，卻又再度被發現的生物。

對馬山貓

在日本，只棲息在長崎縣對馬的野生貓科動物，被日本政府列為天然紀念物，也是瀕臨滅絕的物種，推測大約剩下 80～100 隻，因為棲息地遭破壞及路殺等交通意外，數量正在逐漸減少。也有報告指出部分對馬山貓染上寵物貓的疾病，造成新的威脅。
■ 49～58cm ■日本長崎縣對馬 ■小動物、鳥類、昆蟲

西表山貓

一九六五年發現的野生貓科動物，被日本政府列為天然紀念物，也是瀕臨滅絕的物種，二○○八年確定只剩下大約一百隻，令人擔心會絕種。死於路殺的例子頻傳。
■ 70～90cm ■日本沖繩縣西表島 ■小動物、魚類、昆蟲、蛇

Q 巨恐鳥為什麼絕種？

A 科學家認為巨恐鳥的絕種是人類所造成。十世紀後期，毛利人來到巨恐鳥棲息的紐西蘭，獵殺恐鳥屬的生物，導致牠們滅絕。尤其是巨恐鳥的巨大鳥蛋對人類來說是最佳食物。鳥蛋被奪走，也使得這些巨型鳥類的數量急速銳減，直到一七〇〇年代後期左右，所有恐鳥同類終於絕跡。

Q 有比鴕鳥更大的鳥嗎？

A 棲息在馬達加斯加島、不會飛的隆鳥，高約3m，是相當巨大的鳥類。另外，紐西蘭至少也有約 10 種被稱為恐鳥、類似鴕鳥的鳥類，其中最大的巨恐鳥高度據說約有 4m。

▶ 巨恐鳥（右）的骨架遠比鴕鳥（左）更大。

Q 最大的獅子是？

A 巴巴里獅據說是最大的亞種。較大的雄獅體長 4m，體重約 300kg。這個亞種棲息在獅子之中最寒冷的地區，科學家認為牠巨大的體型和茂密的鬃毛就是為了抵禦嚴寒。

被認為繼承了巴巴里獅血統的獅子。

巴巴里獅（北非獅）

棲息在北非山區的獅子亞種。最醒目的特徵是巨大的身形和茂密的鬃毛。野生的巴巴里獅早在一九二〇年代已經滅絕，但目前已知摩洛哥的動物園飼養著被認為是巴巴里獅的個體。另外在歐洲各地的動物園，也有繼承巴巴里獅基因的個體，甚至有人計畫要復活最近似純種的巴巴里獅。

■ 4m ■北非的山區
■北非鬃羊等大型哺乳類

一起來思考！

生物的未來

👀上田博士告訴你！

地球在現在這瞬間，也仍然有許多生物，正在因人為破壞導致的環境改變而邁向滅絕之路。我們的生活造成地球暖化和垃圾問題等環境變遷，嚴重影響到包括人類在內所有生物的未來。

Q 為什麼會發生森林大火？

A 露營生火的火堆、菸蒂、落雷、木頭摩擦等原因點燃樹木和葉子，就會蔓延成森林大火。二〇一九年澳洲發生的森林大火，因為降雨少、氣溫高等條件的多重打擊，導致大火延燒了超過一千萬公頃，十億隻以上棲息在當地的生物因此殞命。

Q 澳洲森林大火對日本的生物也有影響嗎？

A 大地鷸原本是夏天在日本育雛，冬天在澳洲東部過冬的候鳥。因為牠的過冬地發生森林大火，所以回到北海道育雛的大地鷸數量，從原本的三萬五千隻減少為兩萬隻。

▼二〇二〇年，在澳洲森林大火中獲救的無尾熊。

▶大地鷸只在日本和俄羅斯的庫頁島繁殖，是十分珍貴的鳥類。北海道是牠最大的繁殖地。

▼生活在北極圈的北極熊是獵食冰上的海豹等維生。冰層融化的夏季無法打獵，所以會有很長一段時間無食物可吃。

A 嚴寒的北極有些地區即使是夏天，冰層也不會融化，但是二〇〇〇年代時發現，北極冰層的面積已經減少到只剩下一九八〇年代的一半。科學家認為原因很有可能是地球暖化。沒有冰層，影響最大的就是無法獵食海豹的北極熊，科學家們擔心牠們很可能就此滅絕。

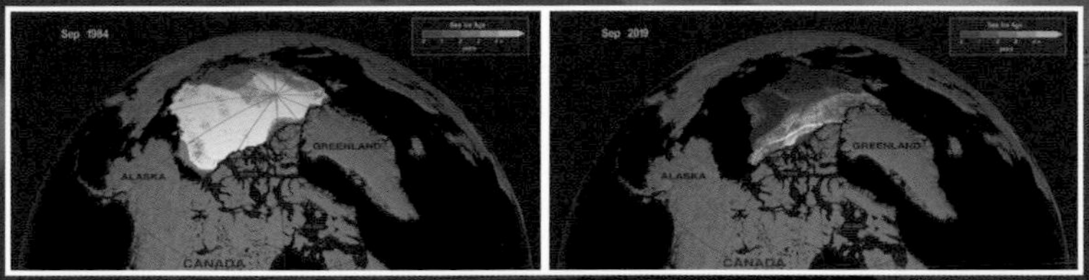

▲北極海的冰層分布圖。左圖是一九八四年九月，右圖是二〇一九年九月的資料。

▼吃到海中塑膠垃圾的海龜同類「玳瑁」。二〇一八年的調查中，解剖一百零二隻被打上海岸等原因死亡的海龜，發現所有海龜的內臟中都有塑膠垃圾。科學家認為牠們很可能是吃下垃圾後，汙染物和病毒隨之進入體內。

Q 我們要怎麼保護生物們？

A 最重要的是對自然界和生物多一份關心，也應該去了解並學習自然界與生物的相關知識。另外，在日常生活中盡量不使用塑膠製品、選擇環保產品等，養成環保意識也很重要。

▼身體被捕魚用漁網纏住的南極毛皮海獅。

139

索引